Druckerhöhungsanlagen mit drehzahlgesteuerten Pumpen

Jetzt diesen Titel zusätzlich als E-Book downloaden und 70 % sparen!

Als Käufer dieses Buchtitels haben Sie Anspruch auf ein besonderes Kombi-Angebot: Sie können den Titel zusätzlich zum Ihnen vorliegenden gedruckten Exemplar für nur 30 % des Normalpreises als E-Book beziehen.

Der BESONDERE VORTEIL: Im E-Book recherchieren Sie in Sekundenschnelle die gewünschten Themen und Textpassagen. Denn die E-Book-Variante ist mit einer komfortablen Volltextsuche ausgestattet!

Deshalb: Zögern Sie nicht. Laden Sie sich am besten gleich Ihre persönliche E-Book-Ausgabe dieses Titels herunter.

In 3 einfachen Schritten zum E-Book:

1. Rufen Sie die Website **www.beuth.de/e-book** auf.
2. Geben Sie hier Ihren persönlichen, nur einmal verwendbaren E-Book-Code ein:

   308959A82CAC197

3. Klicken Sie das „Download-Feld" an und gehen dann weiter zum Warenkorb. Führen Sie den normalen Bestellprozess aus.

Hinweis: Der E-Book-Code wurde individuell für Sie als Erwerber dieses Buches erzeugt und darf nicht an Dritte weitergegeben werden. Mit Zurückziehung dieses Buches wird auch der damit verbundene E-Book-Code für den Download ungültig.

Andreas Braun, Prof. Dr.-Ing. Carsten Bäcker, Dirk Böttcher, Jürgen Klement, Jakob Köllisch, Maik Benjamin Maibaum, Ulrich Petzolt, Andreas Politaj, Stefan Tuschy

Druckerhöhungsanlagen mit drehzahlgesteuerten Pumpen

Kommentar zu DIN 1988-500

2., vollständig überarbeitete Auflage 2022

Herausgeber:
DIN Deutsches Institut für Normung e. V.
Zentralverband Sanitär Heizung Klima
in Kooperation mit BTGA und figawa

Beuth Verlag GmbH · Berlin · Wien · Zürich

Herausgeber:
DIN Deutsches Institut für Normung e. V.
Zentralverband Sanitär Heizung Klima

Berlin · Wien · Zürich
Am DIN-Platz
Burggrafenstraße 6
10787 Berlin

Telefon: +49 30 2601-0
Telefax: +49 30 2601-1260
Internet: www.beuth.de
E-Mail: kundenservice@beuth.de

Titelbild: Fa. Kemper

Satz: Beuth Verlag GmbH, Berlin

Druck: L&C, Kraków

Gedruckt auf säurefreiem, alterungsbeständigem Papier nach DIN EN ISO 9706

ISBN 978-3-410-30895-9

ISBN(E-Book) 978-3-410-30896-6

Autoren

Andreas Braun

Referent Sanitärtechnik
ZVSHK Zentralverband Sanitär Heizung Klima, Sankt Augustin,
www.zvshk.de

Carsten Bäcker

Prof. Dr.-Ing.
Fachhochschule Münster
Fachbereich Energie Gebäude Umwelt, Münster
www.fh-muenster.de/egu

Dirk Böttcher

Dipl.-Ing.
Planerberater
Wilo SE, Dortmund
www.wilo.de

Jürgen Klement

Ingenieur für Versorgungstechnik
Ingenieurbüro Klement, Gummersbach,
www.klement-gm.de

Jakob Köllisch

Meister
Bundesfachgruppenleiter
Fachbetrieb Sanitär Heizung Elektro,
www.jakob-koellisch.de

Maik Benjamin Maibaum

Dipl.-Ing.
Lead Solution Manager, Digital Water
GRUNDFOS GmbH, Erkrath
www.grundfos.de

Ulrich Petzolt

Dipl.-Ing.
Leitung Normung & Zertifizierung
Gebr. Kemper GmbH & Co. KG, Olpe
www.kemper-olpe.de

Andreas Politaj

Dipl.-Ing.
Vertriebsleitung Haus- und Industrietechnik
SPECK Pumpen, Neunkirchen
www.speck-pumps.com

Stefan Tuschy

Dipl.-Ing.
Technischer Referent
BTGA – Bundesindustrieverband
Technische Gebäudeausrüstung e. V., Bonn
www.btga.de

Inhaltsverzeichnis

Autoren ... III

Einleitung ... 1

Vorwort ... 5

1 Anwendungsbereich ... 7

2 Normative Verweisungen ... 15

3 Begriffe ... 17
3.1 Mindest-Versorgungsdruck ... 17
3.2 maximaler Versorgungsdruck ... 18
3.3 Fließdruck ... 18
3.4 Mindestfließdruck ... 19
3.5 Förderdruck ... 20
3.6 Druckverlust ... 20
3.7 Druckverlust aus geodätischem Höhenunterschied ... 20
3.8 Spitzendurchfluss ... 21
3.9 Nutzvolumen ... 21

4 Planungsgrundlagen ... 23
4.1 Allgemeines ... 23
4.2 Werkstoffe ... 32
4.3 Versorgungsdruck ... 33
4.4 Druckerhöhung ... 34
4.5 Versorgungssicherheit und Hygiene ... 35
4.6 Förderstrom ... 36
4.7 Förderdruck ... 42
4.8 Druckzonen ... 46
4.9 Anschlussarten ... 53
4.9.1 Allgemeines ... 53
4.9.2 Unmittelbarer Anschluss ... 62
4.9.3 Mittelbarer Anschluss ... 62
4.10 Anlagenteile ... 64
4.10.1 Druckmessung ... 64
4.10.2 Druckminderer vor der Druckerhöhungsanlage ... 65
4.10.3 Steuerdruckbehälter ... 65
4.10.4 Vorbehälter ... 67
4.10.5 Druckerhöhungsanlagen ... 79
4.10.6 Armaturen ... 85
4.10.7 Sicherheitsventil ... 85
4.10.8 Leitungsanschlüsse ... 86
4.10.9 Aufstellung ... 87

5 Errichtung und Inbetriebnahme ... 91
5.1 Allgemeines ... 91
5.2 Betriebsbereitschaft ... 91

6 Inspektion und Wartung ... 95

Literaturhinweise ... 98

Einleitung

Das Europäische Komitee für Normung CEN hat vom Rat der Europäischen Union die Aufgabe erhalten, ein umfassendes und modernes System europäischer Normen für die Regelung des Binnenmarktes innerhalb der Mitgliedsstaaten der Union zu erstellen.

Vonseiten der EU-Kommission wird der europäischen Normung ein hoher Stellenwert beim Erreichen der vorgegebenen Ziele, wie einheitliche Rechtsordnungen, gleichwertige Lebensbedingungen und Angleichung der industriellen Entwicklung in den Mitgliedsstaaten, zugewiesen.

Bei der Erarbeitung der technischen Regeln für die Trinkwasser-Installation zeigte sich jedoch, dass die Experten aus den verschiedenen Mitgliedsstaaten daran interessiert waren, möglichst viel von ihren eigenen nationalen Bestimmungen in die europäischen Normen einzubringen, um ihre Fachkreise vor zu starken Veränderungen zu bewahren. Dieses Verhalten führte zu vielen Kompromissen und zahlreichen Verweisungen auf nationale Regelungen, womit die europäischen Normen der ersten Generation nur einen unvollkommenen Ansatz zur Angleichung der technischen Regeln für Trinkwasser-Installationen in Europa darstellen.

Deshalb ist es notwendig, zu den europäischen Planungs- und Ausführungsnormen der Trinkwasser-Installation ergänzende nationale Regeln zu erstellen, damit das in Deutschland etablierte Sicherheitsniveau erhalten bleibt. Der Anwender der Normen muss die europäischen Grundlagennormen und die nationalen normativen Ergänzungen einhalten.

Bei der Anwendung sind sowohl die Anforderungen der europäischen Grundlagennormen als auch die Ergänzungen in den nationalen Normen zu beachten.

Zu den Normen für die Planung und Ausführung von Trinkwasser-Installationen gehören die europäischen Grundlagennormen und die zugehörigen nationalen Ergänzungsnormen.

Es ist jeweils die europäische Grundnorm (DIN EN 1717 und DIN EN 806er-Reihe) mit nationaler Ergänzung (DIN 1988er-Reihe) gemeinsam anzuwenden. Die nationale Ergänzungsnorm ist immer gemeinsam mit der Europäischen Grundnorm zu verwenden. Sie ergeben eine gemeinsame normative Auslegungsgrundlage.

In dieser Ausgabe wird DIN 1988-500 „Druckerhöhungsanlagen mit drehzahlgesteuerten Pumpen“ behandelt.

DEUTSCHE NORM

Mai 2021

DIN 1988-500

ICS 13.060.20; 91.140.60

Ersatz für
DIN 1988-500:2011-02

Technische Regeln für Trinkwasser-Installationen – Teil 500: Druckerhöhungsanlagen mit drehzahlgesteuerten Pumpen

Codes of practice for drinking water installations –
Part 500: Pressure boosting stations with RPM-regulated pumps

Directives techniques relatives aux installations d'eau potable –
Partie 500: Installations de relevage de compression par des pompes avec une vitesse de rotation réglée

Diese Norm wurde in das DVGW-Regelwerk aufgenommen.

Gesamtumfang 22 Seiten

DIN-Normenausschuss Wasserwesen (NAW)

www.din.de
www.beuth.de

3244335

DIN 1988-500:2021-05

Inhalt

Seite
Vorwort 4
1 Anwendungsbereich 6
2 Normative Verweisungen 6
3 Begriffe 7
4 Planungsgrundlagen 8
4.1 Allgemeines 8
4.2 Werkstoffe 9
4.3 Versorgungsdruck 9
4.4 Druckerhöhung 10
4.5 Versorgungssicherheit und Hygiene 10
4.6 Förderstrom 11
4.7 Förderdruck 11
4.8 Druckzonen 11
4.9 Anschlussarten 17
4.9.1 Allgemeines 17
4.9.2 Unmittelbarer Anschluss 17
4.9.3 Mittelbarer Anschluss 17
4.10 Anlagenteile 17
4.10.1 Druckmessung 17
4.10.2 Druckminderer vor der Druckerhöhungsanlage 17
4.10.3 Steuerdruckbehälter 18
4.10.4 Vorbehälter 18
4.10.5 Druckerhöhungsanlagen 19
4.10.6 Armaturen 20
4.10.7 Sicherheitsventil 20
4.10.8 Leitungsanschlüsse 20
4.10.9 Aufstellung 20
5 Errichtung und Inbetriebnahme 20
5.1 Allgemeines 20
5.2 Betriebsbereitschaft 21
6 Inspektion und Wartung 21
Literaturhinweise 22

Bilder

Bild 1 — Trinkwasser-Installation mit und ohne Druckerhöhungsanlage 8
Bild 2 — Einsatz eines Druckminderers vor einer Druckerhöhungsanlage 9
Bild 3 — Trinkwasser-Installation ohne Druckerhöhungsanlage und Druckerhöhung mittels Druckerhöhungsanlage 10
Bild 4 — Ausführungsart A 13
Bild 5 — Ausführungsart B 14
Bild 6 — Ausführungsart C 15
Bild 7 — Ausführungsart D 16

Tabellen

Tabelle 1 — Mittleres Druckgefälle 11
Tabelle 2 — Inspektion und Wartung 21

2

Vorwort

Dieses Dokument wurde vom Arbeitskreis NA 119-07-07-06 AK „Überarbeitung der DIN 1988-500“ im DIN-Normenausschuss Wasserwesen (NAW) erarbeitet.

In DIN EN 806-2:2005-06, Abschnitt 15, werden die Planungs- und Ausführungsgrundsätze für Druckerhöhungsanlagen unabhängig von der Drehzahlsteuerung behandelt. Die Betriebsweise mit konstanter Drehzahl kann zu Druckschwankungen führen und erfordert häufig Membrandruckbehälter auf der Vor- und Enddruckseite, die hygienische Beeinträchtigungen der Trinkwasserbeschaffenheit erzeugen können.

Die Planungs- und Ausführungsanforderungen in dieser Norm DIN 1988-500 „Druckerhöhungsanlagen mit drehzahlgesteuerten Pumpen“ ermöglicht die Umsetzung der erhöhten Anforderungen an Komfort, Hygiene und Energieeffizienz. Mit dieser Anlagenkonzeption kann auf Membrandruckbehälter als Schaltdruckgefäß in der Regel verzichtet und ein konstanter Druck innerhalb des Kennlinienbereiches eingehalten werden.

Bei größeren Schwankungen im Betrieb der Pumpen sind geeignete Maßnahmen zur Durchflussanpassung zu ergreifen. Membrandruckbehälter waren in Verbindung mit ungeregelten Pumpen eine technisch notwendige Maßnahme in den letzten Jahren. Bei nicht drehzahlgesteuerten Anlagen kommt es aufgrund der Einschaltverzögerung erst zu einem raschen Druckabfall. Schaltet die ungeregelte Pumpe dann wieder ein, wird der Druck ungeregelt wieder aufgebaut. Diese Vorgehensweise führt zu starken Druckschwankungen die über einen Membrandruckbehälter als Schaltdruckgefäß aufgefangen werden müssen.

Durch den Einsatz von drehzahlgesteuerten Pumpen kann auf Schaltdruckgefäße verzichtet werden. Über die Drehzahlsteuerung wird ein konstanter Druck innerhalb des Kennlinienbereiches der DEA eingehalten.

Aus den oben genannten technischen und trinkwasserhygienischen Gründen sind in der Trinkwasser-Installation drehzahlgesteuerte Pumpen zu bevorzugen.

Diese eigenständige nationale Norm wird in die Technischen Regeln für Trinkwasser-Installationen (TRWI), die aus europäischen Normen und nationalen ergänzenden Bestimmungen bestehen, eingefügt.

Dieses Dokument wurde im Einvernehmen mit dem DVGW Deutscher Verein des Gas- und Wasserfaches e. V. — Technisch wissenschaftlicher Verein aufgestellt. Sie ist als Technische Regel des DVGW in das Regelwerk Wasser des DVGW einbezogen worden.

Es wird auf die Möglichkeit hingewiesen, dass einige Elemente dieses Dokuments Patentrechte berühren können. DIN und DKE sind nicht dafür verantwortlich, einige oder alle diesbezüglichen Patentrechte zu identifizieren.

Aktuelle Informationen zu diesem Dokument können über die Internetseiten von DIN (www.din.de) durch eine Suche nach der Dokumentennummer aufgerufen werden.

DIN 1988 besteht unter dem allgemeinen Titel *Technische Regeln für Trinkwasser-Installationen* aus den folgenden Teilen:

- Teil 100: Schutz des Trinkwassers, Erhaltung der Trinkwassergüte; Technische Regel des DVGW
- Teil 200: Installation Typ A (geschlossenes System) – Planung, Bauteile, Apparate, Werkstoffe; Technische Regel des DVGW
- Teil 300: Ermittlung der Rohrdurchmesser; Technische Regel des DVGW
- Teil 500: Druckerhöhungsanlagen mit drehzahlgesteuerten Pumpen
- Teil 600: Trinkwasser-Installationen in Verbindung mit Feuerlösch- und Brandschutzanlagen

Änderungen

Gegenüber DIN 1988 500:2011-02 wurden folgende Änderungen vorgenommen:

a) Aufnahme trinkwasserhygienischer Aspekte;

b) Aufnahme Abschnitt Werkstoffe;

c) Überarbeitung der Prinzipdarstellungen von Ausführungen von Druckzonen mit der differenzierten Betrachtung für PWC- und PWH-Installationen;

d) Erweiterung der Anforderungen an den Aufstellungsort;

e) Überarbeitung des Abschnitts zu Förderstrom;

f) Präzisierung der Anforderungen für den mittelbaren Anschluss.

Frühere Ausgaben

DIN1988-500:2010-10, 2011-02

Die vorgenannte Normenreihe der DIN 1988 gilt als nationale Ergänzungsnorm zu den DIN-EN-Normen DIN EN 1717 und den Normen der Reihe DIN EN 806. Die Trinkwasser-Normen sind immer in Verbindung miteinander/zueinander zu lesen.

1 Anwendungsbereich

Dieses Dokument legt Kriterien für die Planung und Ausführung von Druckerhöhungsanlagen mit drehzahlgesteuerten Pumpen (im Weiteren: Druckerhöhungsanlagen) in Trinkwasser-Installationen zur Sicherstellung eines störungsfreien und wirtschaftlichen Betriebes fest.

Diese Norm ist nicht anzuwenden für Druckerhöhungsanlagen, die ausschließlich für Feuerlöschzwecke (Löschwasserversorgung) bestimmt sind (siehe dazu DIN 14462).

ANMERKUNG Für Begriffe, graphische Symbole, Zeichen und Einheiten siehe DIN EN 806-1.

Für die Planung und Ausführung von Druckerhöhungsanlagen wurden im Jahr 2010 die neue DIN 1988-500 entwickelt und ersetzte die bis dahin gültige DIN 1988-5. Zusätzlich ergänzte sie die Anforderungen der DIN EN 806-2 „Planung" im Abschnitt 15 Druckerhöhungsanlagen.

Die Anforderungen aus DIN 1988-5 wurden im Jahre 2005 ohne weitere Überarbeitung in die europäische Norm DIN EN 806-2 „Planung" im Abschnitt 15 Druckerhöhungsanlagen übernommen. Die Grundlage für DIN 1988-5 war damals das DVGW-Arbeitsblatt W 314 „Druckerhöhungsanlagen in Grundstücken; technische Bestimmungen für Auslegung, Ausführung und Betrieb" vom März 1974.

Bis ca. 1970 wurden ausschließlich Druckerhöhungsanlagen verwendet, bei denen die Druckhaltung durch ein Luftpolster von einem Kompressor in einem Druckwindkessel aufgebracht wurde. Luft hat die Eigenschaft, sich in Wasser zu lösen, daher ist eine ständige Luftzufuhr notwendig. Dieses brachte neben dem technischen Aufwand und hohen Platzbedarf ein Problempotenzial hinsichtlich der Trinkwasserhygiene mit sich, weil die vom Kompressor verdichtete Luft zwangsläufig einen Ölnebel enthielt.

Wegen der Druckschwankungen im Leitungsnetz, der unzulänglichen hygienischen Bedingungen und der komplizierten Druckpolsterregelung mit dem Druckwindkessel erfolgte die Trennung von Wasser und Luft durch Membran-Druckbehälter.

Im DVGW-Arbeitsblatt W 314 wurden seinerzeit hygienische Anforderungen und Richtwerte für die Ermittlung des Wasserbedarfs von Wohnhäusern, Bürobauten, Hotels, Krankenhäusern und Kaufhäusern angegeben. Eine wesentliche Neuerung war die Anforderung, dass der unmittelbare Anschluss von Druckerhöhungsanlagen dem mittelbaren Anschluss vorzuziehen ist, da bei einem geschlossenen System eine hygienische Beeinträchtigung des Trinkwassers von außen nicht zu befürchten ist. Dieser Stand wurde in DIN 1988-5 von 1988 übernommen und ist auch in DIN EN 806-2 ohne Veränderung übertragen worden. In vorstehendem Normenwerk werden kaskadengesteuerte Druckerhöhungsanlagen beschrieben, die in aller Regel mit Druckbehältern auf der Enddruckseite und bei Bedarf mit Behältern auf der Vordruckseite auszustatten sind.

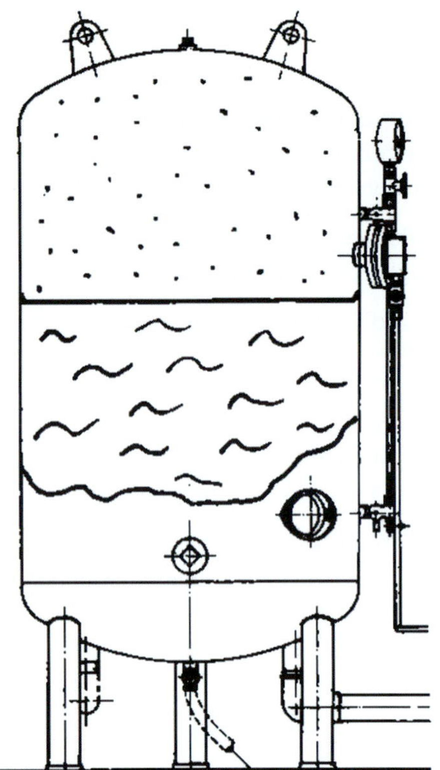

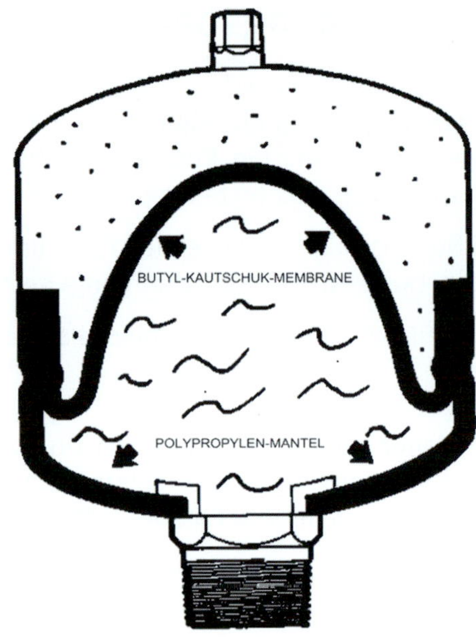

Bild 2: Membran-Druckbehälter

Bild 1: Druckwindkessel

(Quelle: Werkbild: Wilo)

Bild 3: Druckerhöhung mit drehzahlgesteuerten Pumpen

Anfang der 1990er-Jahre wurden elektronisch drehzahlgesteuerte Pumpen entwickelt, die in einer Kaskade angeordnet wurden. Diese Form der Druckerhöhung hat in der Trinkwasser-Installation die anderen Techniken nahezu vollständig abgelöst. Druckerhöhungsanlagen mit drehzahlgesteuerten Pumpen nach DIN 1988-500 ermöglichen die Umsetzung der heutigen erhöhten Anforderungen an Komfort, Hygiene, Energieeffizienz und Wirtschaftlichkeit. Vor- und Enddruckbehälter sind in der Regel nicht mehr notwendig, und die Druckhaltung bleibt konstant.

In DIN 1988-600 „Trinkwasser-Installationen in Verbindung mit Feuerlösch- und Brandschutzanlagen" wurde eine strikte Trennung der Trinkwasser-Installation von Feuerlösch- und Brandschutzanlagen vorgenommen. Die Trinkwasser-Installation endet nach DIN 1988-600 mit der Löschwasserübergabestelle (LWÜ). Somit beginnt dort die Feuerlösch- und Brandschutzanlage.

Druckerhöhungsanlagen für Feuerlösch- und Brandschutzanlagen werden für Löschwasser-Wandhydranten nach DIN 14462 und für Sprinkleranlagen nach DIN EN 12845 bemessen. Zu Druckerhöhungsanlagen für Feuerlöschzwecke ist in DIN 1988-600 folgende Festlegung getroffen worden:

DIN 1988-600, 4.2.2 Druckerhöhungsanlagen

Druckerhöhungsanlagen für Trinkwasser-Installationen mit Wandhydranten Typ S sind nach DIN 1988-500 auszulegen.

Druckerhöhungsanlagen in der Anschlussleitung zur Füll- und Entleerungsstation können als Einzelpumpenanlage ausgeführt sein. Werden mehrere Pumpen eingesetzt, muss jede einzelne Pumpe die gesamte Feuerlöschmenge fördern können. Die Komponenten und Bauteile in Kontakt mit Trinkwasser müssen für die Verwendung im Trinkwasser geeignet sein. Für die Auslegung und Berechnung der Feuerlöschanlage sind die entsprechenden Planungsgrundsätze anzuwenden, z. B. in DIN 14462 für Wandhydrantenanlagen.

Zur Erklärung, in welchen Fällen die Druckerhöhungsanlagen nach DIN 1988-500 oder nach DIN 14462 bzw. DIN EN 12845 und ggf. weitere auszulegen sind, nachfolgend einige Beispiele:

1) Der Spitzenvolumenstrom der Trinkwasser-Installation ist größer als der Löschwasserbedarf. In diesem Fall können die Wandhydranten Typ S und die Trinkwasser-Installation über eine DEA versorgt werden.

Die DEA muss für den Spitzenvolumenstrom nach DIN 1988-500 bemessen werden (Bild 4).

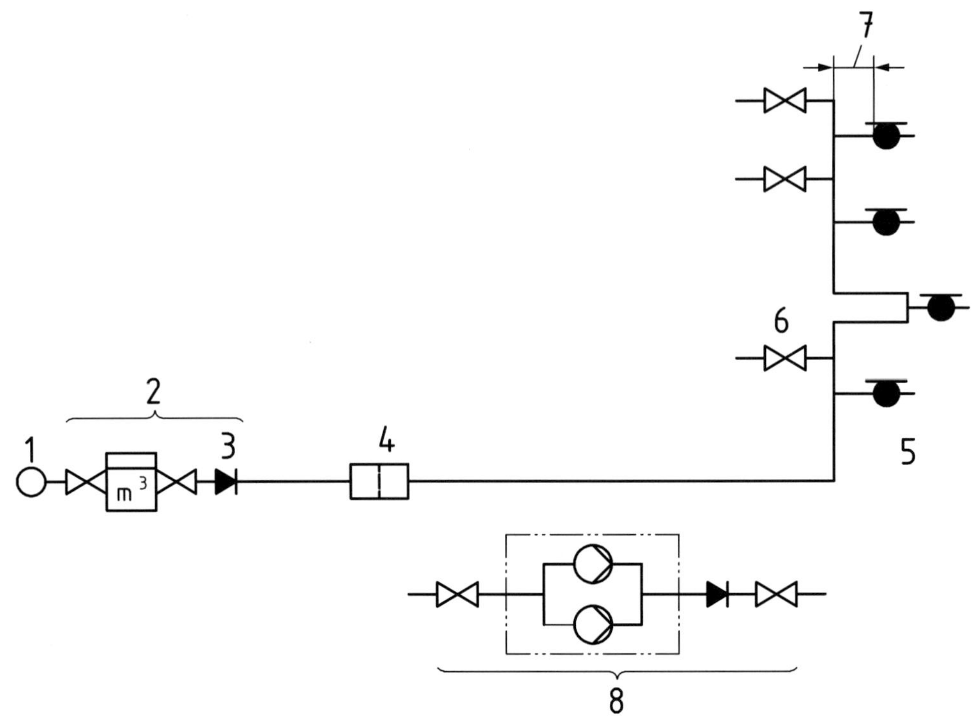

(Quelle: DIN 1988-600)

Legende

1 Hauptversorgungsleitung des öffentlichen Wasserversorgers
2 Wasserzählenlage
3 Rückflussverhinderer EA
4 mechanisch wirkender Filter
5 Wandydranten Typ S mit Sicherungskombination (HD nach DIN EN 1717)
6 Trinkwasser-Installation, ständige Trinkwasser-Verbraucher
7 Länge ≤ 10 × DN und Volumen ≤ 1,5 l
8 Druckerhöhungsanlage (optional)

Bild 4: DEA nach DIN 1988-500 für Wandhydranten Typ S (Spitzenvolumenstrom > Löschwasserbedarf)

2) Der Spitzenvolumenstrom der Trinkwasser-Installation ist kleiner als der Löschwasserbedarf. In diesem Fall müssen die Wandhydranten Typ S und die Trinkwasser-Installation über separate Druckerhöhungsanlagen versorgt werden.

Die DEA für die Trinkwasser-Installation muss für den Spitzenvolumenstrom nach DIN 1988-500 bemessen werden. Die DEA für die Wandhydranten ist nach DIN 14462 zu bemessen (Bild 5).

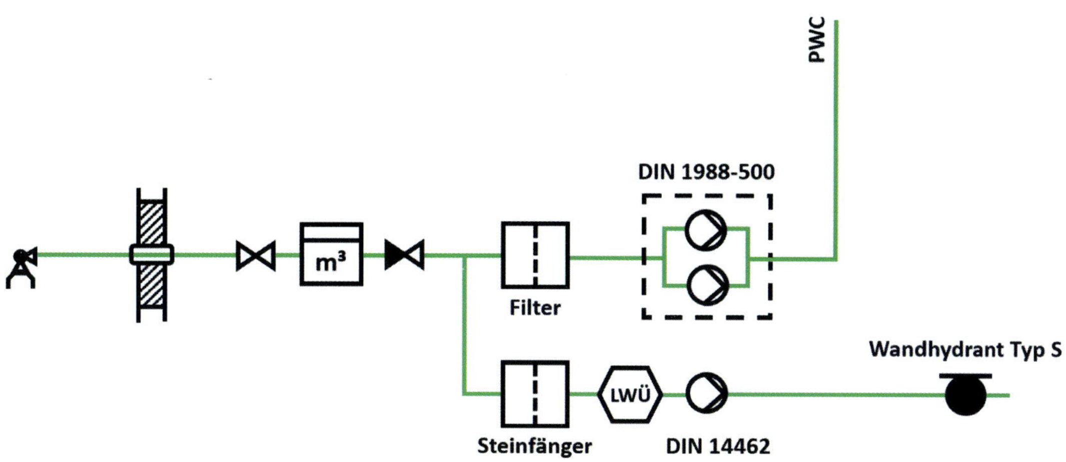

Bild 5: Separate DEA für die Trinkwasser-Installation und für die Wandhydranten Typ S

3) Der Spitzenvolumenstrom der Trinkwasser-Installation ist größer als der Löschwasserbedarf für die Wandhydranten Typ S im Gebäude. In diesem Fall können die Wandhydranten Typ S und die Trinkwasser-Installation über eine DEA versorgt werden. Außerdem befinden sich Wandhydranten vom Typ F in einer ggf. frostgefährdeten Tiefgarage. Diese müssen über eine Füll- und Entleerungsstation (F + E) angeschlossen und über eine separate DEA versorgt werden.

Die DEA muss für den Spitzenvolumenstrom nach DIN 1988-500 bemessen werden.

Die DEA für die Wandhydranten in der Tiefgarage ist nach DIN 14462 zu bemessen (Bild 6).

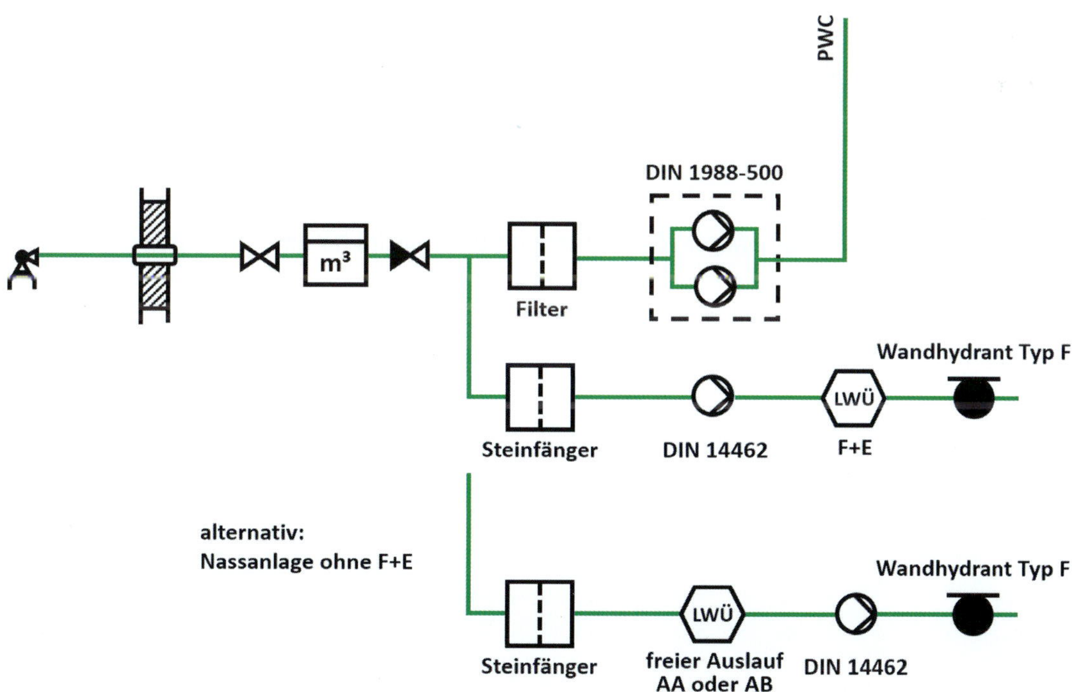

Bild 6: DEA nach DIN 1988-500 für Wandhydranten Typ S im Gebäude bzw. DEA für Wandhydranten in der Tiefgarage nach DIN 14462

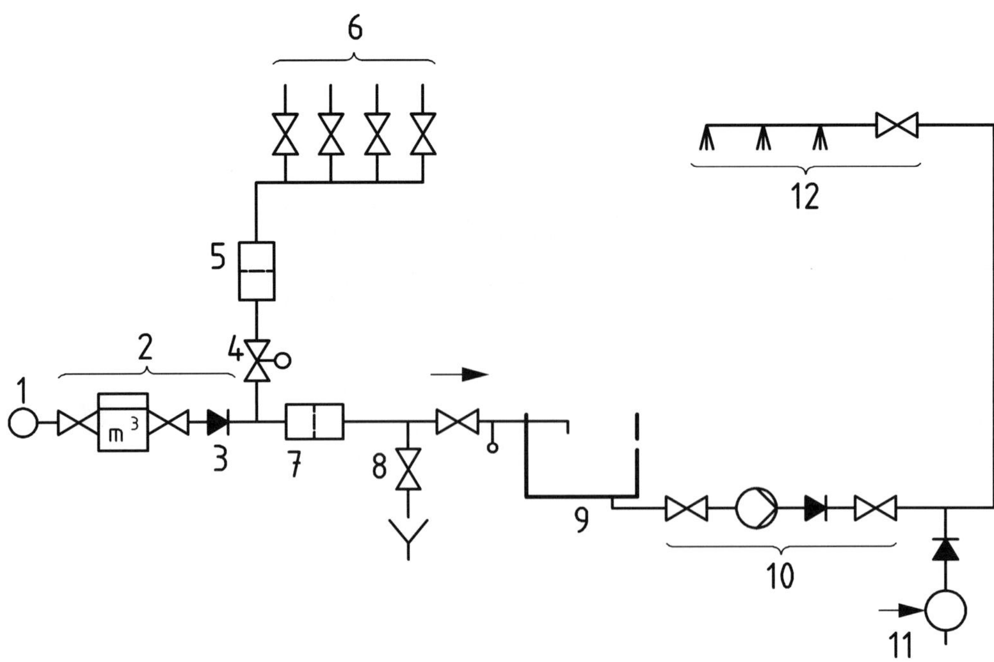

(Quelle: DIN 1988-600)

Legende

1 Hauptversorgungsleitung des öffentlichen Wasserversorgers
2 Wasserzähleranlage
3 Rückflussverhinderer EA
4 Trinkwasserabschottung (optional)
5 mechanisch wirkender Filter
6 Trinkwasser-Installation, ständige Trinkwasser-Verbraucher
7 Steinfänger
8 automatische Spüleinrichtung (optional, wenn nach 4.1.5 erforderlich)
9 Vorlagebehälter mit freiem Auslauf, z.B. Typ AB nach DIN EN 1717
10 Druckerhöhungsanlage
11 Fremdwassereinspeisung (optional)
12 Löschanlage mit offenen Düsen und Sprühwasserventilstation oder Sprinkleranlage mit Alarmventilstation

Bild 7: Trinkwasser-Trennstation, freier Auslauf AB für Sprinkler und Hydranten

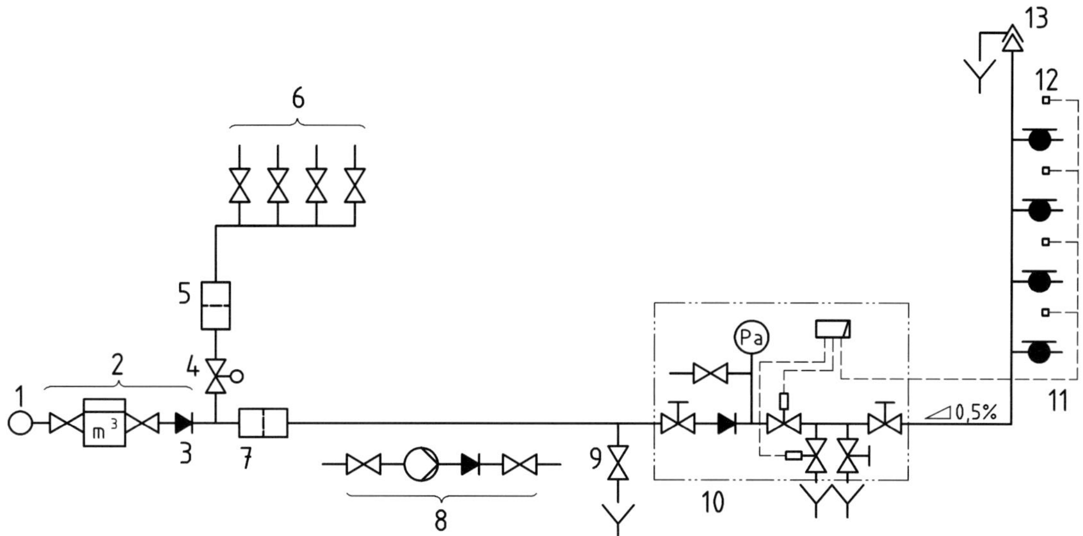

(Quelle: DIN 1988-600)

Legende

1 Hauptversorgungsleitung des öffentlichen Wasserversorgers
2 Wasserzähleranlage
3 Rückflussverhinderer EA
4 Trinkwasserabschottung (optional)
5 mechanisch wirkender Filter
6 Trinkwasser-Installation, ständige Trinkwasser-Verbraucher
7 Steinfänger
8 Druckerhöhungsanlage (optional)
9 automatische Spüleinrichtung (optional, wenn nach 4.1.5 erforderlich)
10 Füll- und Entleerungsstation
11 Wandhydrant
12 Grenztaster für Schlauchanschlussventil
13 Be- und Entlüftungsventil

Bild 8: Füll- und Entleerstation (F + E) für Löschwasserhydranten

4) Die Kombination einer Trinkwasser-Installation mit der Wasserversorgung für eine Sprinkleranlage < 50 m^3/h über eine Direktanschlussstation (DAS) erfordert eine separate Druckerhöhungsanlage.

Die DEA für die Trinkwasser-Installation muss für den Spitzenvolumenstrom nach DIN 1988-500 und die DEA für die Sprinkleranlage nach DIN EN 12845 bemessen werden.

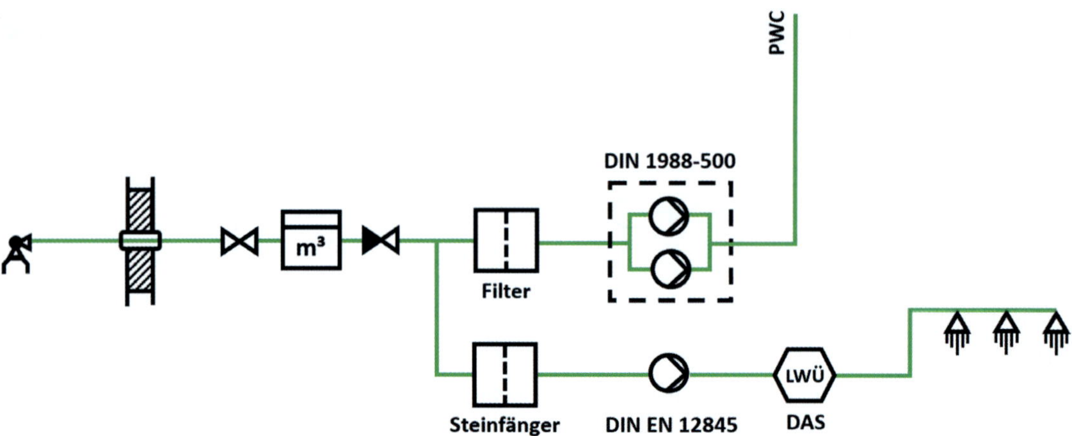

Bild 9: Separate DEA für die Trinkwasser-Installation und für die Wasserversorgung einer Sprinkleranlage < 50 m^3/h

2 Normative Verweisungen

Die folgenden Dokumente werden im Text in solcher Weise in Bezug genommen, dass einige Teile davon oder ihr gesamter Inhalt Anforderungen des vorliegenden Dokuments darstellen. Bei datierten Verweisungen gilt nur die in Bezug genommene Ausgabe. Bei undatierten Verweisungen gilt die letzte Ausgabe des in Bezug genommenen Dokuments (einschließlich aller Änderungen).

DIN 1986-100, *Entwässerungsanlagen für Gebäude und Grundstücke — Teil 100: Bestimmungen in Verbindung mit DIN EN 752 und DIN EN 12056*

DIN 1988-100, *Technische Regeln für Trinkwasser-Installationen — Teil 100: Schutz des Trinkwassers, Erhaltung der Trinkwassergüte; Technische Regel des DVGW*

DIN 1988-200, *Technische Regeln für Trinkwasser-Installationen — Teil 200: Installation Typ A (geschlossenes System) — Planung, Bauteile, Apparate, Werkstoffe; Technische Regel des DVGW*

DIN 1988-300, *Technische Regeln für Trinkwasser-Installationen — Teil 300: Ermittlung der Rohrdurchmesser; Technische Regel des DVGW*

DIN 4109 (alle Teile), *Schallschutz im Hochbau*

DIN 4807-5, *Ausdehnungsgefäße — Teil 5: Geschlossene Ausdehnungsgefäße mit Membrane für Trinkwasser-Installationen — Anforderung, Prüfung, Auslegung und Kennzeichnung; Technische Regel des DVGW*

DIN EN 806-2:2005-06, *Technische Regeln für Trinkwasser-Installationen — Teil 2: Planung*

DIN EN 806-4, *Technische Regeln für Trinkwasser-Installationen — Teil 4: Installation*

DIN EN 806-5, *Technische Regeln für Trinkwasser-Installationen — Teil 5: Betrieb und Wartung*

DIN EN 1717, *Schutz des Trinkwassers vor Verunreinigungen in Trinkwasser-Installationen und allgemeine Anforderungen an Sicherheitseinrichtungen zur Verhütung von Trinkwasserverunreinigungen durch Rückfließen — Technische Regel des DVGW*

DIN EN 12056 (alle Teile), *Schwerkraftentwässerungsanlagen innerhalb von Gebäuden*

AD 2000 Merkblatt A 2, *Sicherheitseinrichtungen gegen Drucküberschreitung — Sicherheitsventile*[1]

Bewertungsgrundlage für metallene Werkstoffe im Kontakt mit Trinkwasser (Metall-Bewertungsgrundlage), Umweltbundesamt

Bewertungsgrundlage für Kunststoffe und andere organische Materialien im Kontakt mit Trinkwasser (KTW-BWGL) Umweltbundesamt

Verordnung über die Qualität von Wasser für den menschlichen Gebrauch (Trinkwasserverordnung — TrinkwV) *in der Fassung der Bekanntmachung vom 10. März 2016 (BGBl. I S. 459), die zuletzt durch Art. 1 der Verordnung vom 20. Dezember 2019 (BGBl. I S. 2934) geändert worden ist*

1 Zu beziehen durch: Beuth Verlag GmbH, 10772 Berlin

Zu den normativen Verweisungen gehören Hinweise im Text der Norm auf andere Normen (Publikationen), ohne deren Inhalte an dieser Stelle im Einzelnen zu beschreiben. In den normativen Verweisungen werden die Normen mit ihrer vollen Bezeichnung aufgeführt. Alle aufgeführten Normen ohne Ausgabedatum sind undatierte Normen. Damit gilt bei diesen immer die letzte Ausgabe der Norm.

Meistens wird die Variante undatiert gewählt, damit die Norm nicht überarbeitet werden muss, nur weil der Verweis auf eine datierte Norm sich im Lauf der Jahre geändert hat.

Allerdings prüft der zuständige Arbeitsausschuss, ob die zitierte Norm noch das wiedergibt, worauf es in dem Verweis ankommt. Wenn Verweise auf datierte Normen (hier wird das Ausgabedatum angegeben) erfolgen, beabsichtigt der zuständige Arbeitsausschuss im DIN, dass speziell nur die dort aufgeführten Anforderungen oder Prüfungen im Rahmen dieser Norm angewendet werden und nicht etwa andere Kriterien Geltung bekommen, die bei einer zwischenzeitlichen Überarbeitung durch einen anderen Arbeitsausschuss festgelegt werden könnten (z. B. Abschnittswechsel).

Wenn datierte Verweise aufgenommen werden, ist bei Änderung der datierten Norm die Norm, in der der Verweis steht, zu überarbeiten.

3 Begriffe

Für die Anwendung dieses Dokuments gelten die folgenden Begriffe.

DIN und DKE stellen terminologische Datenbanken für die Verwendung in der Normung unter den folgenden Adressen bereit:

- DIN-TERMminologieportal: verfügbar unter https://www.din.de/go/din-term/
- DKE-IEV: verfügbar unter http://www.dke.de/DKE-IEV

Die in dieser Norm definierten Begriffe sind speziell für die Planung und Ausführung von Druckerhöhungsanlagen erforderlich. Sie sind nicht Bestandteil der in DIN EN 806-1 geregelten Begrifflichkeiten, die übergreifend für alle anderen Normen und Regelwerke im Bereich der Trinkwasser-Installation gelten.

Die Verwendung einheitlicher Fachbegriffe für ein und dieselbe Sache ist die wichtigste Voraussetzung für eine klare und eindeutige Verständigung im Fachbereich. Deshalb sollten alle Beteiligten, insbesondere die Lehrkräfte in Berufs-, Meister- und Hochschulen sowie die Mitarbeitenden von Herstellern, Planungsbüros, ausführenden Fachbetrieben, Behörden usw. die einheitlich vorgegebenen Begriffe in der Fachsprache anwenden.

3.1 Mindest-Versorgungsdruck

SPLN, en: Lowest normal service pressure

minimaler statischer Überdruck am Anschluss der Anschlussleitung an die Versorgungsleitung nach Angabe des zuständigen Wasserversorgungsunternehmen (WVU)

Nach der AVBWasserV ist das Wasserversorgungsunternehmen zur Wasserlieferung unter dem Druck verpflichtet, der für eine einwandfreie Deckung des üblichen Bedarfs in dem betreffenden Versorgungsgebiet erforderlich ist.

Nach DIN 1988 ist der Mindest-Versorgungsdruck als der minimale statische Überdruck an der Anschlussstelle der Anschlussleitung an die Versorgungsleitung nach Angabe des Wasserversorgungsunternehmens (WVU) definiert.

Das zuständige Wasserversorgungsunternehmen legt den Übergabepunkt und die Messstelle für den Mindest-Versorgungsdruck fest. Häufig genannte Übergabepunkte sind:

- Anschlussvorrichtung an der Versorgungsleitung,
- Hauptabsperreinrichtung,
- hinter der Wasserzähleranlage.

Um den Druck an der Hauptabsperreinrichtung (HAE) oder hinter der Wasserzähleranlage festzulegen, sind die Druckverluste dieser Leitungsteile zu ermitteln und zu berücksichtigen. Sollte zwischen der HAE und der Zähleranlage noch eine Verteilungsleitung für ungemessenes Wasser sein, so sind auch diese Druckverluste mitzubetrachten, insbesondere dann, wenn diese Leitung aus einem anderen Werkstoff oder in einer anderen Nennweite als die eigentliche Anschlussleitung verlegt ist. Die Anschlussleitung endet nach AVBWasserV an der HAE. Gegebenenfalls sind auch noch geodätische Höhenunterschiede durch ansteigendes oder abfallendes Gelände oder Einführung der Anschlussleitung im ersten Tiefgeschoss bei Unterbringung der Wasserzähleranlage, z. B. im zweiten Tiefgeschoss, zu berücksichtigen.

In der Abstimmung mit dem Wasserversorgungsunternehmen ist neben der Mengenfrage also nicht nur die Höhe des Mindest-Versorgungsdruckes, sondern auch der Übergabepunkt abzuklären, auf den sich diese Angabe bezieht. Je nach Situation können zwischen den einzelnen Übergabepunkten Druckunterschiede von bis zu 0,1 MPa (1 bar) vorhanden sein.

Das Wasserversorgungsunternehmen erteilt verbindliche Aussagen zum Mindest-Versorgungsdruck.

Im Zuge der Überführung der DIN 1988 in die DIN EN 806 wurde die englische Kurzschreibweise für den Mindest-Versorgungsdruck **SPLN** (Lowest normal service pressure) eingeführt.

3.2 maximaler Versorgungsdruck

en: maximum supply pressure

maximaler statischer Überdruck am Anschluss der Anschlussleitung an die Versorgungsleitung nach Angabe des zuständigen Wasserversorgungsunternehmen (WVU)

Ebenso wie der Mindest-Versorgungsdruck vom Wasserversorger anzugeben ist, muss auch der maximale Versorgungsdruck am Übergabepunkt angegeben werden, damit eine fachgerechte Planung der Trinkwasser-Installation möglich ist. Bei einem Versorgungsdruck, der auch nur zeitweise höher als 0,5 MPa (5 bar) ist, kann es notwendig werden, Druckminderer zur Einhaltung des maximal zulässigen Ruhedrucks vor Entnahmearmaturen einzubauen.

Das Wasserversorgungsunternehmen erteilt verbindliche Aussagen zum maximalen Versorgungsdruck.

Im Zuge der Überführung der DIN 1988 in die DIN EN 806 wurde die englische Kurzschreibweise für den maximalen Versorgungsdruck **MSP** (maximum supply pressure) eingeführt.

3.3 Fließdruck

p_{FL}

angezeigter Druck an einer Messstelle in der Trinkwasser-Installation während einer Wasserentnahme

Als Fließdruck wird der statische Druck bezeichnet, der sich bei fließendem Wasser einstellt. Mit dem Fließdruck vor einer Entnahmearmatur und deren Kennlinie kann der Entnahmedurchfluss der Armatur ermittelt werden (Bild 10).

3.4 Mindestfließdruck

$P_{\text{min FL}}$

erforderlicher statischer Überdruck am Anschluss einer Wasserentnahmearmatur bei ihrem Mindestdurchfluss

Der Mindestfließdruck ist der geringste Druck, der noch die Gebrauchstauglichkeit einer Entnahmearmatur mit dem Mindestdurchfluss Q_{min} sicherstellt (Bild 10). Für die Berechnung des Spitzendurchflusses nach DIN 1988-300 wird jedoch nicht der Mindestdurchfluss, sondern in der Regel der sogenannte Berechnungsdurchfluss, als Mittelwert aus Q_{min} (gemessen bei 0,1 MPa) und Q_0 (gemessen bei 0,3 MPa), berücksichtigt. In einer differenziert durchgeführten Rohrnetzberechnung sollten Herstellerangaben für den Mindestfließdruck $P_{\text{min FL}}$ und den Berechnungsdurchfluss Q_R der jeweiligen Entnahmearmatur verwendet werden.

Im realen Rohrnetzbetrieb wird die Entnahmearmatur bzw. die Füllarmatur eines Vorbehälters zwischen Fließdruck (P_{FL}) und Ruhedruck (P_{Ruhe}) betrieben.

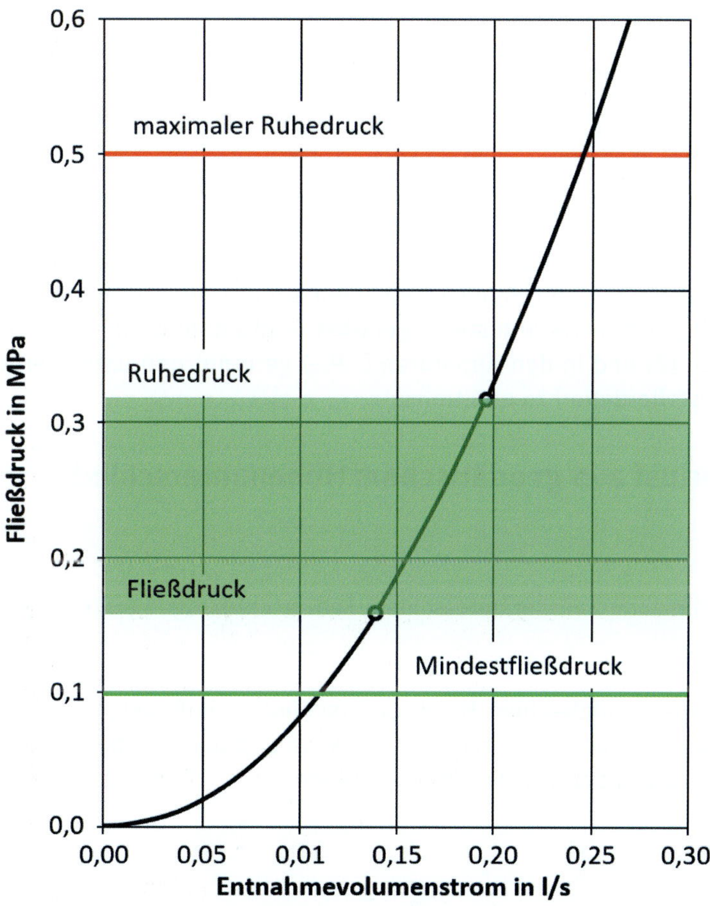

Bild 10: Druckverhältnisse und Volumenströme an einer Entnahmearmatur

3.5 Förderdruck

ΔP_P

Differenz zwischen dem Druck an der Enddruckseite der Pumpen einer Druckerhöhungsanlage und dem Druck unmittelbar vor den Pumpen der Druckerhöhungsanlage bei einem bestimmten Förderstrom

Der Förderdruck einer Druckerhöhungsanlage ergibt sich als Differenz der statischen Drücke in den Anschlussstutzen vor ($P_{FL,vor}$) bzw. hinter der DEA ($P_{FL,nach}$).

3.6 Druckverlust

ΔP

Druckdifferenz zwischen zwei Punkten in der Trinkwasser-Installation, hervorgerufen durch Rohrreibung und Einzelwiderstände

Im Berechnungsverfahren zur Ermittlung der Rohrdurchmesser nimmt der Druckverlust im Fließweg ΔP nennenswerten Einfluss auf die Ergebnisse.

$$\Delta P = \Sigma(l \cdot R + Z) + \Delta P_{AP} \quad (1)$$

Die Notwendigkeit einer Druckerhöhungsanlage muss daher durch eine differenziert durchgeführte Druckverlustberechnung nachgewiesen werden (Gleichung (1)). Im Gegensatz zu einer „vereinfachten Berechnung“ mit Pauschalansätzen sind in einer differenziert durchgeführten Rohrnetzberechnung die Druckverluste in geraden Rohrleitungen ($l \cdot R$), in den sogenannten Einzelwiderständen (Z) und in den Apparaten (ΔP_{AP}) getrennt und unter Berücksichtigung von Produktdaten (Herstellerdaten) zu ermitteln.

3.7 Druckverlust aus geodätischem Höhenunterschied

ΔP_e

Produkt aus geodätischem Höhenunterschied, Fallbeschleunigung und Dichte des Wassers

Der Druckverlust aus geodätischem Höhenunterschied beeinflusst neben dem Mindestfließdruck an der Entnahmestelle und dem Druckverlust im ungünstigsten Fließweg maßgeblich den notwendigen Förderdruck der Druckerhöhungsanlage.

3.8 Spitzendurchfluss

Q_D

unter Berücksichtigung der während des Betriebs auftretenden wahrscheinlichen Gleichzeitigkeit der Wasserentnahme für die hydraulische Berechnung maßgebender Durchfluss

In Trinkwasser-Installationen wird der zu erwartende Spitzendurchfluss (Q_D) in einer Teilstrecke maßgeblich von der Anzahl und der Konstruktionsart der zu versorgenden Entnahmearmaturen, dem jeweiligen Berechnungsdurchfluss (Q_R) und von der Nutzungsart der Installationseinheit beeinflusst. DIN 1988-300 formuliert für die Umrechnung des Summendurchflusses (ΣQ_R) in den Spitzendurchfluss (Q_D) Berechnungsgleichungen für die Nutzungsart der Installationseinheit als Wohngebäude, Büro- und Verwaltungsgebäude, Hotelgebäude, Kaufhaus, Krankenhaus-Bettenbau und Schule (Gleichung (2)).

$$Q_D = f\, \Sigma Q_R \qquad (2)$$

Die Kalt- und Warmwasser-Berechnungs- und Entnahmedurchflüsse können sich unterscheiden. Für die Dimensionierung der Warmwasserbereitung ist es empfehlenswert, separate Nutzungsprofile für Warmwasserverbräuche für Gebäude unterschiedlicher Nutzungsart zu berücksichtigen.

Die in 1988-300 enthaltenen Spitzendurchflussberechnungen basieren auf ausgewerteten Messdaten unter Berücksichtigung praktischer Erfahrungen.

3.9 Nutzvolumen

V_B

nutzbares Volumen des geschlossenen, unter atmosphärischem Druck stehenden Behälters auf der Vordruckseite der Pumpen einer Druckerhöhungsanlage

Mit Nutzvolumen wird der tatsächlich zur Verfügung stehende Wasservorrat in einem Vorbehälter bezeichnet. Vorbehälter sind nur unter Berücksichtigung bestimmter Bedingungen notwendig (siehe hierzu Kommentar zu den Abschnitten 4.9.3 und 4.10.4.2).

4 Planungsgrundlagen

4.1 Allgemeines

Druckerhöhungsanlagen (DEA) sind nur dann notwendig, wenn der Mindest-Versorgungsdruck kleiner ist als die Summe aus Druckverlust in der Trinkwasser-Installation (siehe 4.2. und 4.3), Druckverlust aus dem geodätischen Höhenunterschied und Mindestfließdruck. Der Nachweis muss durch eine differenzierte Berechnung der Druckverluste nach DIN 1988-300 erbracht werden, wobei für die Reibung und die Einzelwiderstände ein wirtschaftliches Druckgefälle berücksichtigt werden muss (1 kPa/m bis 2 kPa/m für Reibung und Einzelwiderstände) (siehe Bild 1 a), Bild 1 b) und 4.6).

Für die grund**Legende** Planung der Trinkwasser-Installation gelten DIN EN 806-2 und DIN 1988-200.

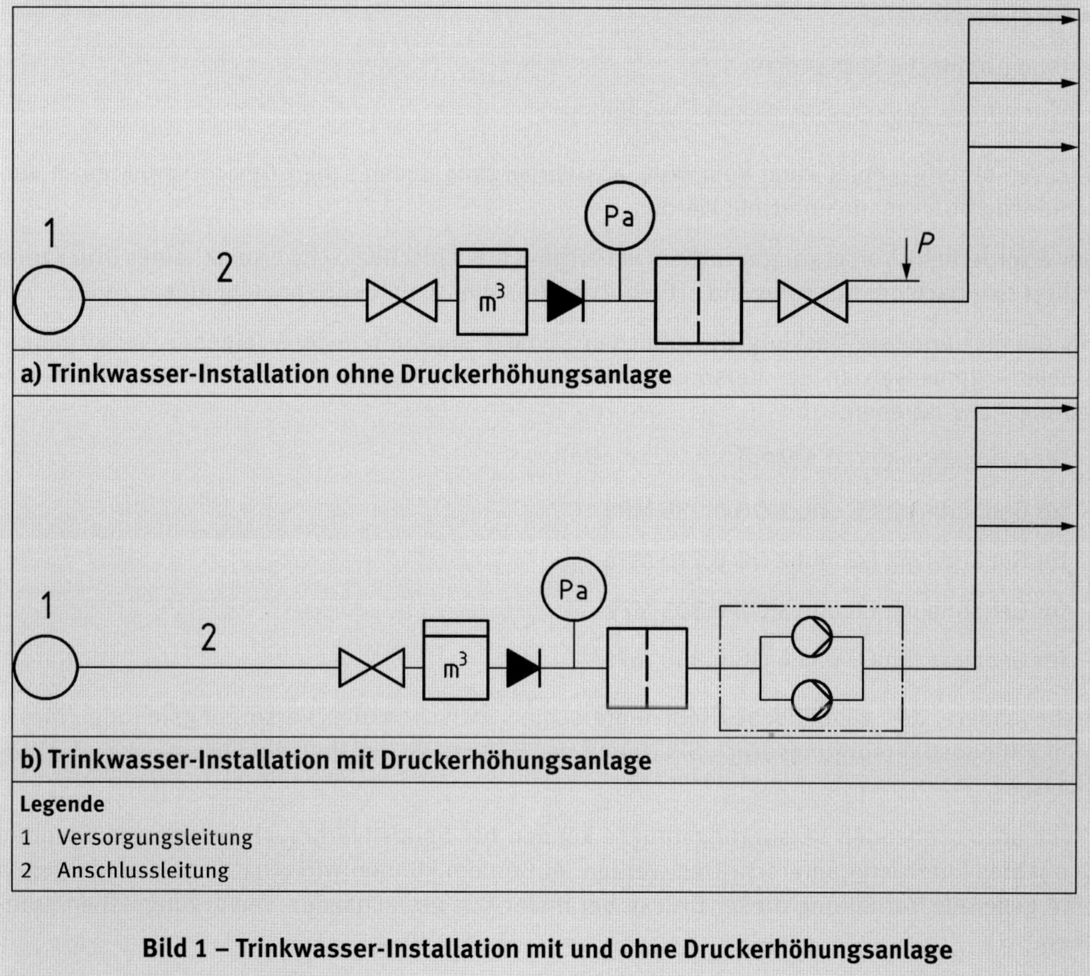

Bild 1 – Trinkwasser-Installation mit und ohne Druckerhöhungsanlage

Bevor eine Entscheidung getroffen wird, ob eine Druckerhöhungsanlage notwendig ist, um das Gebäude ganzjährig mit dem Mindestfließdruck an der hydraulisch ungünstigst gelegenen Entnahmestelle zu versorgen, sind nachfolgende Überprüfungen erforderlich:

Das Wasserversorgungsunternehmen ist schriftlich anzufragen, mit welchem Mindestfließdruck hinter der Wasserzähleranlage gerechnet werden kann (siehe Kapitel 4.7).

Nach AVBWasserV, § 4, Absatz 3, Satz 2, ist das Wasserversorgungsunternehmen verpflichtet, das Wasser unter dem Druck zu liefern, der für eine einwandfreie Deckung des üblichen Bedarfs in dem betreffenden Versorgungsgebiet erforderlich ist.

Der DVGW hat in seiner Stellungnahme zur AVBWasserV folgende Erläuterung gegeben und die nachfolgend aufgeführten Werte genannt:

„Als Maßstab für den ‚üblichen Bedarf' ist die übliche ‚Nassinstallation' einer Wohnung (vergleiche DIN 18022) anzusetzen. Eine gleichzeitige Nutzung sämtlicher Entnahmestellen einer Wohneinheit ist nicht anzunehmen. Der zum Betrieb der Entnahmestellen genannte Versorgungsdruck setzt eine druckverlustarme Rohrinstallation voraus.

Eine ‚einwandfreie Deckung' des üblichen Wasserbedarfs ist noch gegeben, wenn an den ungünstig gelegenen Entnahmestellen nur druckverlustarme Apparate und Einrichtungen (siehe DIN 1988-300) noch funktionsfähig sind.

Da das Versorgungsunternehmen einerseits nur geringen Einfluss auf den Einbau und die Verwendung druckverlustarmer Installationsteile hat und andererseits schwankende Versorgungsdrücke über den Tagesverlauf auftreten können, sollte der Versorgungsdruck auf den Hausanschluss bezogen unter Berücksichtigung folgender Faktoren bestimmt werden:

- Siedlungsstruktur
- topographische Verhältnisse
- zusätzliche Angaben der Bebauungspläne

Das Versorgungsgebiet kann vom WVU aus versorgungstechnischen Gesichtspunkten in verschiedene Druckzonen unterteilt werden.

Der erforderliche Versorgungsdruck im versorgungstechnischen Schwerpunkt einer Druckzone richtet sich nach der überwiegend ortsüblichen Geschosszahl der Bebauung dieser Zone.

Für die einwandfreie Deckung des üblichen Bedarfs sind mindestens folgende Versorgungsdrücke – gemessen an der Versorgungsleitung am Beginn des Netzanschlusses/Anschlussleitung – anzustreben:

- für Gebäude mit EG 0,2 MPa[1]
- für Gebäude mit EG und 1 OG 0,235 MPa
- für Gebäude mit EG und 2 OG 0,270 MPa
- für Gebäude mit EG und 3 OG 0,305 MPa
- für Gebäude mit EG und 4 OG 0,340 MPa

Insbesondere der geodätische Höhenunterschied zwischen der Versorgungsleitung (Messpunkt Mindest-Versorgungsdruck SPLN) und der Höhenlage der Hauseinführung ist zu berücksichtigen.

Diese anzustrebenden Versorgungsdrücke können bei Spitzenverbrauch an wenigen Stunden des Jahres kurzfristig unterschritten werden. Außerdem können wirtschaftliche Gründe gegen eine generelle Vorhaltung dieser Drücke bei historisch gewachsenen Versorgungsfällen sprechen."

Wie aus der Stellungnahme hervorgeht, ist bei üblichen Druckverhältnissen in der Anschlussleitung (*SPLN* = 0,2 – 0,35 MPa) der Mindest-Versorgungsdruck meist nur in der Lage, die Entnahmearmaturen in bis zu viergeschossigen Gebäuden ausreichend mit Wasser zu versorgen.

In druckkritischen Situationen muss daher durch eine differenzierte Berechnung nachgewiesen werden, dass der Mindest-Versorgungsdruck, der vom Wasserversorgungsunternehmen angegeben wurde, noch ausreichend ist, um das Gebäude ohne Druckerhöhungsanlage zu versorgen. Im Rahmen dieses rechnerischen Nachweises müssen druckverlustarme Wasserzähler und Apparate sowie Entnahmearmaturen mit geringen Mindestfließdruckforderungen verwendet werden. Der Druckverlust in Wasserzählern und Apparaten muss jeweils differen-

1 Zuschlag 0,035 MPa je Stockwerk

ziert berechnet werden. In Einzelfällen kann es sinnvoll sein, Rohrwerkstoffe mit relativ geringen Rohrreibungsdruckverlusten und/oder Form- und Verbindungsstücke mit geringen Widerstandszahlen (ζ-Werte) zu verwenden.

Die Vergrößerung einiger Nennweiten von Stockwerks- und Einzelanschlussleitungen im obersten Stockwerk (in der hydraulisch ungünstigsten Stockwerksinstallation) kann eine weitere Möglichkeit sein, um mit konventionellen Mitteln zu versuchen, mit dem zur Verfügung stehenden Druck auszukommen, damit auf eine Druckerhöhungsanlage verzichtet werden kann. Hier sind die trinkwasserhygienischen Anforderungen zu berücksichtigen.

Beispiel: Gründerzeithaus in der Stadtbebauung

KG	Eintritt Hausanschlussleitung	–2,50 m
EG	Geschäftsräume	+4,00 m
1.–3. OG	Wohnungen	+4,00 m
Dachgeschoss	wird ausgebaut, Geschosshöhen	+4,00 m
Mindest-Versorgungsdruck:	SPLN = 0,35 MPa (3 500 hPa)	
Höhenlage Versorgungslage:	-2,50 m	
Höhenlage Hauseintritt (HAE):	-2,50 m	
Warmwasserbereitung:	hydraulischer Durchlauferhitzer	

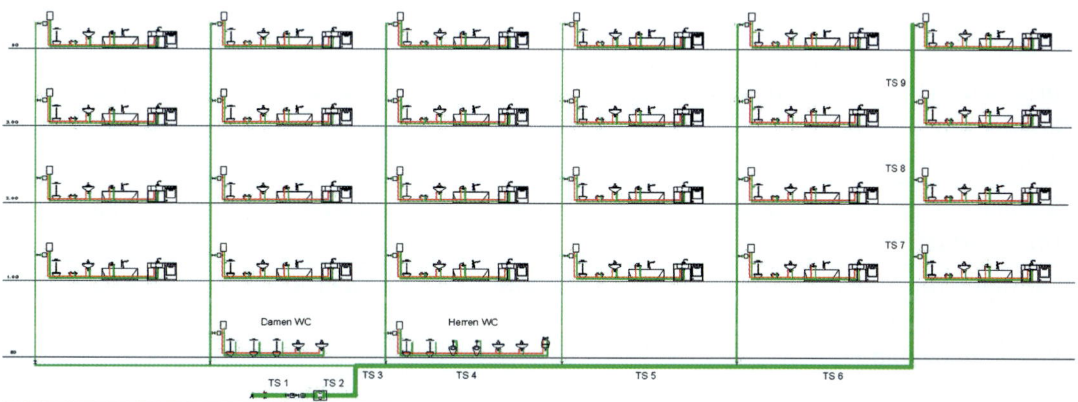

Bild 11: Berechnungsstrangschema für ein Wohngebäude mit Ladenlokalen – Darstellung des ungünstigsten Fließwegs

Bereits eine erste überschlägige Berechnung mit Richtwerten aus DIN 1988-300 für Apparatedruckverluste und Mindestfließdruckforderungen, Tabelle 1, Spalte „vereinfacht“, zeigt, dass im Beispielfall der verfügbare Mindest-Versorgungsdruck von 3.500 hPa an der HAE nicht ausreichend ist.

Tabelle 1: Druckverluste aus Berechnungsgang

Benennung	Bezeichnung	Berechnungsverfahren		Einheit
		vereinfacht	differenziert	
Mindest-Versorgungsdruck	SPLN	3 500	3 500,0	hPa
Druckverlust aus geodätischem Höhenunterschied	ΔP_e	1 900	**1 831,8**	hPa
Druckverlust in Apparaten				
Wasserzähler	ΔP_{WZ}	1 000	164,6	hPa
Wohnungs-Wasserzähler	ΔP_{WZ}	500	224,5	hPa
Filter	ΔP_{FIL}	200	47,0	hPa
Enthärtungsanlagen	ΔP_{EH}			hPa
Dosieranlagen	ΔP_{DOS}			hPa
Gruppen-Trinkwassererwärmer	ΔP_{TE}	1 000	200,0	hPa
weitere Apparate	ΔP_{Ap}			hPa
Mindestfließdruck	$P_{min\ FL}$	1 000	500,0	hPa
Druckverlust Rohrleitung Wohneinheit	ΔP_{R*l*Z}	200	**60,8**	hPa
Summe der Druckverluste	$\Sigma\Delta P$	5 800	3 028,7	hPa
verfügbar für Druckverlust aus Rohrreibung und Einzelwiderständen	ΔP_{verf}	**–2 300**	**471,3**	hPa
geschätzter Anteil für Einzelwiderstände	a		40,0	%
verfügbar für Druckverlust aus Rohrreibung			282,8	hPa
Leitungslänge	l_{ges}		54,0	m
verfügbares Rohrreibungsdruckgefälle	R_{verf}		5,2	hPa/m

Da für die Verteilungs- und Steigleitungen kein verfügbarer Druckverlust mehr vorhanden ist (–2.300 hPa), ist die Planung einer Druckerhöhungsanlage erforderlich.

Es ist durch eine differenzierte Berechnung unter Verwendung von Herstellerdaten eine Druckerhöhungsanlage auszulegen.

Apparatedruckverluste im Wasserzähler und im Filter

Für eine differenzierte Berechnung der Apparatedruckverluste im Wasserzähler und im Filter werden Herstellerangaben ($Q_g/\Delta P_g$) und der Spitzenvolumenstrom Q_D in der betreffenden Einbauteilstrecke benötigt.

Über die Hausanschlussleitung werden 24 Wohneinheiten sowie ein Herren-WC und ein Damen-WC für die Ladenlokale im Erdgeschoss versorgt. Die dort installierten Entnahmearmaturen liefern einen Summenvolumenstrom von 17,32 l/s. Daraus resultiert ein Spitzenvolumenstrom von 1,60 l/s (DIN 1988-300, Gleichung 9, Gebäudetyp: Wohngebäude).

Tabelle 2: Ermittlung des Summenvolumenstromes je Wohneinheit

Einrichtungsgegenstände/ Wohneinheit	Anzahl	PWC		Anzahl	PWH	
	Stck.	l/s	l/s	Stck.	l/s	l/s
Klosett	1	0,13	0,13			
Bidet (bleibt in der Berechnung des Spitzenvolumenstroms unberücksichtigt)						
Waschtisch	1	0,07	0,07			
Badewanne	1	0,15	0,15	1	0,15	0,15
Küchenspüle	1	0,07	0,07			
Spülmaschine	1	0,07	0,07			
Summe			**0,49**			**0,15**

Tabelle 3: Ermittlung des Summenvolumenstromes Herren WC

Einrichtungsgegenstände/ Herren-WC	Anzahl	PWC		Anzahl	PWH	
	Stck.	l/s	l/s	Stck.		Stck.
Klosett	2	0,13	0,26			
Waschtisch	2	0,07	0,14	2	0,07	0,14
Urinale	2	0,30	0,60			
Ausgussbecken	1	0,15	0,15			
Summe			**1,15**			**0,14**

Tabelle 4: Ermittlung des Summenvolumenstromes Damen WC

Einrichtungsgegenstände/ Damen-WC	Anzahl	PWC		Anzahl	PWH	
	Stck.	l/s	l/s	Stck.		Stck.
Klosett	3	0,13	0,39			
Waschtisch	2	0,07	0,14	2	0,07	0,14
Summe			**0,53**			**0,14**

Mit den Herstellerdaten $Q_g/\Delta P_g$ und dem Spitzenvolumenstrom Q_D kann mit

$$\Delta P_{Ap} = \Delta P_g \cdot \left(\frac{Q_D}{Q_g}\right)^2 \tag{3}$$

der Druckverlust im Wasserzähler mit 375,1 hPa bzw. im Filter mit 107,2 hPa differenziert berechnet (Tabelle 5) oder unter Verwendung von Bild 12 grafisch ermittelt werden. In gleicher Weise kann der Druckverlust im Wohnungswasserzähler festgestellt werden.

Tabelle 5: Apparatedruckverluste im Wasserzähler und im Filter

Formelzeichen	Einheit	Wasserzähler	Filter	Wohnungs-WZ
ΔP_g	**hPa**	700	200	700
Q_g	**l/s**	3,3	3,3	0,83
Q_D	**l/s**	1,60	1,60	0,47
Q_D/Q_g	**–**	0,48	0,48	0,57
ΔP_{Ap}	**hPa**	**164,6**	**47,0**	**224,5**

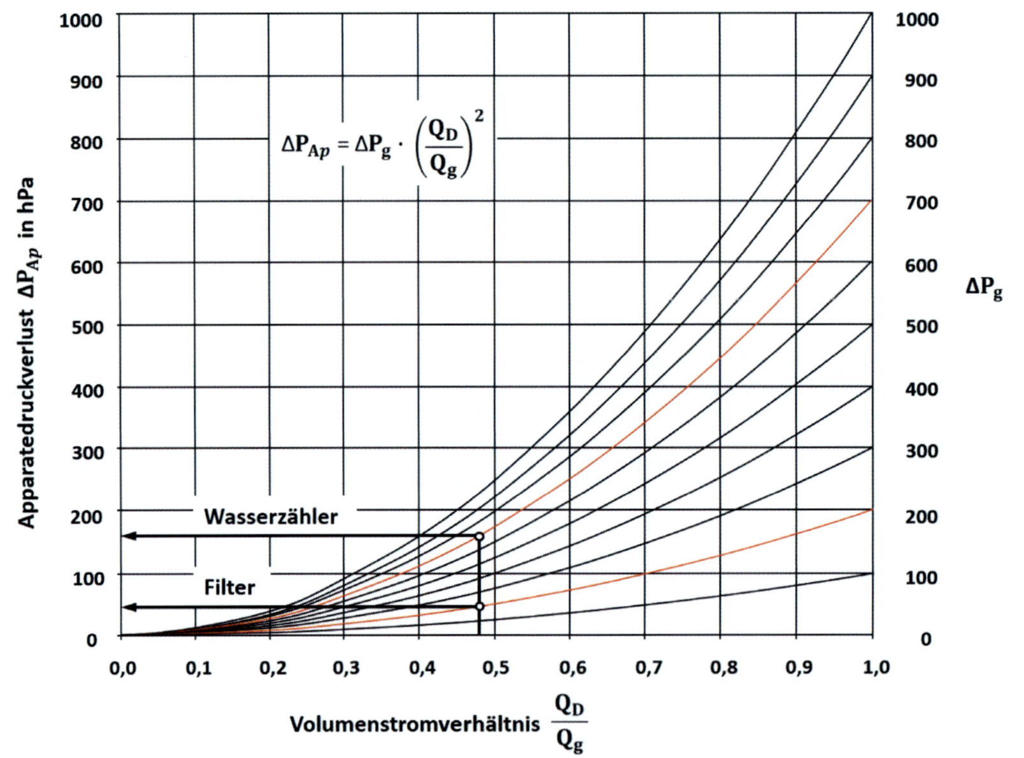

Bild 12: Apparatedruckverluste im Wasserzähler und im Filter

Mindestfließdruck an der Entnahmestelle

In hydraulisch ungünstigen Situationen, insbesondere in den Bädern der Obergeschosse, soll eine Entnahmearmatur verwendet werden, die nach Herstellerangaben bereits bei einem Fließdruck von 500 hPa einen ausreichenden Entnahmevolumenstrom (Q_{min}=0,1 l/s) zur Verfügung stellt (Bild 13).

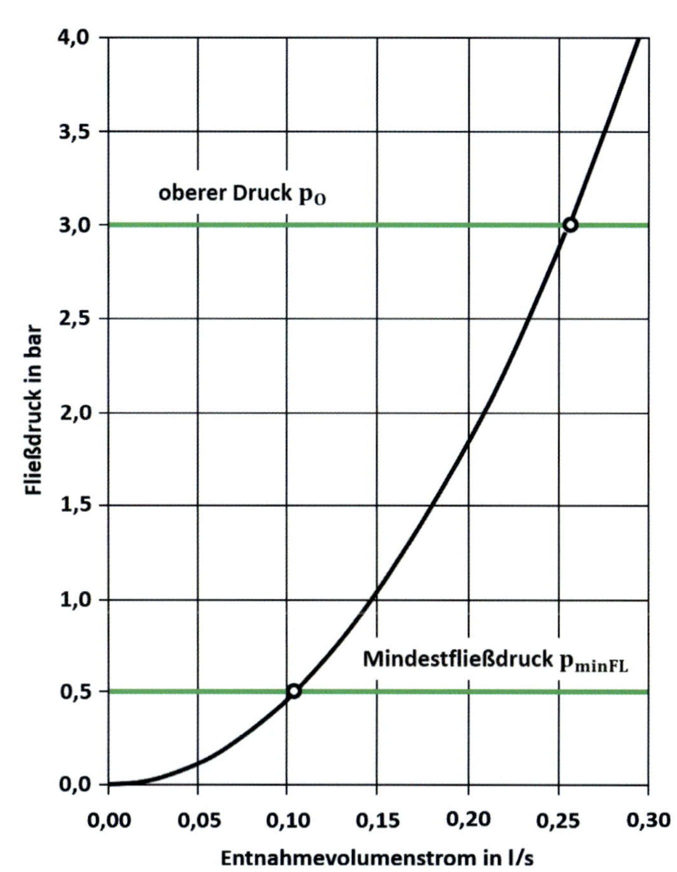

Bild 13: Kennlinie einer Entnahmearmatur

Gruppen-Trinkwassererwärmer

Für die Warmwasserbereitung werden Warmwasserbereiter mit einem maximalen Druckverlust von < 200 hPa eingesetzt.

Druckverlust in der Stockwerksinstallation

Der hydraulisch ungünstigste Fließweg (in Bild 14 durch Linienstärke hervorgehoben) führt in der Stockwerksinstallation bis zum Warmwasseranschluss der Badewannenfüll- und Brausearmatur. Die Warmwasser-Teilstrecken werden nur für den Berechnungsdurchfluss der größten angeschlossenen Entnahmearmatur bemessen (Durchfluss-Trinkwassererwärmung). Die Druckverlustberechnung liefert einen Druckverlust in Stockwerks- und Einzelzuleitungen von $\Delta P_{St} = 60{,}8$ hPa (Tabelle 1).

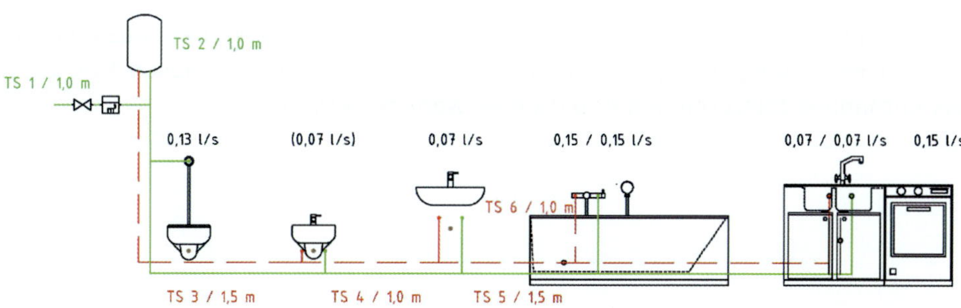

Bild 14: Berechnungsschema zur Ermittlung der Druckverluste in Stockwerks- und Einzelzuleitungen

Tabelle 6: Druckverlust in der Stockwerksinstallation

TS	*Länge*	ΣV_R	V_S	d_i	υ	*R*	*l·R*	$\Sigma\zeta$	*Z*	*l·R+Z*	*Σ(l·R+Z)*
	m	l/s	l/s	mm	m/s	hPa/m	hPa		hPa	hPa	hPa
1	1,0	0,78	**0,47**	25	1,0	**3,8**	3,8	2,4	10,89	14,7	14,7
2	1,0	0,15	**0,15**	16	0,7	**4,2**	4,2	0,4	1,09	5,3	20,0
3	1,5	0,15	**0,15**	16	0,7	**4,2**	6,3	1,5	4,10	10,4	30,5
4	1,0	0,15	**0,15**	16	0,7	**4,2**	4,2	0,7	1,91	6,1	36,6
5	1,5	0,15	**0,15**	16	0,7	**4,2**	6,3	0,7	1,91	8,2	44,8
6	1,0	0,15	**0,15**	16	0,7	**4,2**	4,2	4,3	11,76	16,0	60,8

Druckverlust im hydraulisch ungünstigsten Fließweg

Unter Berücksichtigung der vorstehenden „differenzierten" Betrachtungen verbleiben für Druckverluste aus Rohrreibung noch 471,3 hPa (Tabelle 1, Spalte „differenziert"). Durch eine Druckverlustberechnung für die Teilstrecken des ungünstigsten Fließwegs muss jetzt nachgewiesen werden, dass sich mit der verfügbaren Druckdifferenz ein Rohrnetz mit akzeptablen Nennweiten darstellen lässt.

Die differenzierte Berechnung des ungünstigsten Fließwegs (Teilstrecken TS 1 bis TS 9) liefert bei vertretbaren Nennweiten einen Gesamtdruckverlust von $\Sigma(l \cdot R + Z)$ = 343,0 hPa (Tabelle 7).

Tabelle 7: Druckverlust im hydraulisch ungünstigsten Fließweg

TS	*Länge*	ΣV_R	V_S	d_i	υ	*R*	*l·R*	$\Sigma\zeta$	*Z*	*l·R+Z*	*Σ(l·R+Z)*
	m	l/s	l/s	mm	m/s	hPa/m	hPa		hPa	hPa	hPa
1	7,0	17,32	**1,60**	39	1,3	**4,1**	28,4	10,0	88,64	117,0	117,0
2	3,0	17,32	**1,60**	39	1,3	**4,1**	12,2	7,8	69,14	81,3	198,3
3	3,0	11,53	**1,42**	39	1,2	**3,2**	9,7	0,8	5,52	15,2	213,5
4	8,0	7,68	**1,24**	39	1,0	**2,5**	20,4	0,2	1,06	21,5	235,0
5	8,0	5,12	**1,08**	39	0,9	**2,0**	15,9	0,6	2,40	18,3	253,3
6	12,0	2,56	**0,83**	32	1,0	**3,2**	38,5	2,9	15,16	53,6	306,9
7	4,0	1,92	**0,74**	32	0,9	**2,6**	10,3	0,5	2,05	12,4	319,3
8	4,0	1,28	**0,61**	32	0,8	**1,9**	7,4	0,5	1,42	8,8	328,1
9	4,0	0,64	**0,42**	25	0,9	**3,1**	12,4	0,7	2,51	14,9	343,0

Mit diesem differenzierten rechnerischen Nachweis kann gezeigt werden, dass auf den Einbau einer Druckerhöhungsanlage verzichtet werden kann, wenn für diesen Fall besonders geeignete Entnahmearmaturen und Apparate verwendet werden.

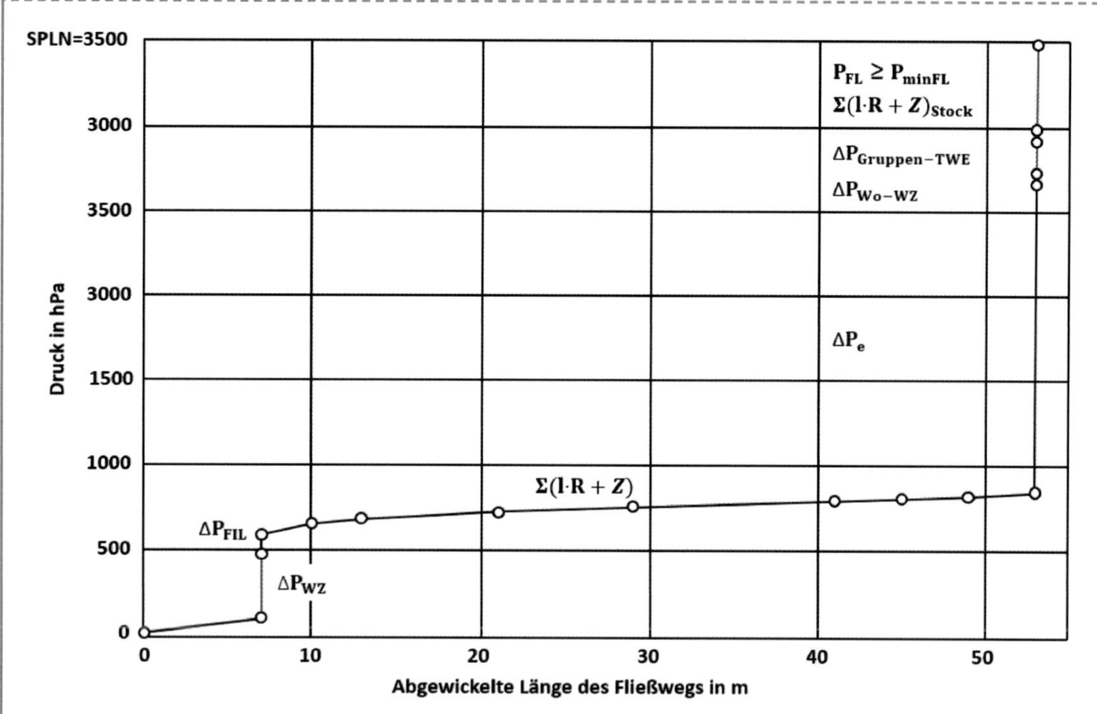

Bild 15: Druckverluste im ungünstigsten Fließweg

Fazit

Die detaillierte Berechnung im Beispiel zeigt, dass durch Reduzierung der Druckverluste des Systems auf den Einsatz einer DEA verzichtet werden kann.

Gerade auch aus ökologischen und ökonomischen Gesichtspunkten ist der Verzicht auf eine DEA meist zu bevorzugen.

Im Rahmen der vorausschauenden Planung bei fehlender Druckreserven sollte eine Nachrüstmöglichkeit einer Druckerhöhungsanlage mitbetrachtet werden (Raum, Leitungsführung, elektrische Anbindung).

Durch eine detaillierte Berechnung kann das Berechnungsergebnis auch dazu führen, dass eine Druckerhöhungsanlage erforderlich wird, aber nicht für die gesamte Trinkwasser-Installation, sondern nur für einzelne Etagen (Druckzonen).

Weiterhin ist zu berücksichtigen, dass durch den in den letzten Jahren gestiegenen Komfortanspruch (z. B. Komfortduschen, Whirlpools etc.) höhere Entnahmefließdrücke erforderlich sein können.

4.2 Werkstoffe

Drucktragende Teile müssen entsprechend dem Anwendungsfall (Druckzone) dem erforderlichen Nenndruck PN standhalten.

Die mit Trinkwasser in Kontakt kommenden Werkstoffe und Materialien müssen hygienisch unbedenklich sein und dürfen die in der Trinkwasserverordnung (TrinkwV) festgelegte Qualität des Trinkwassers nicht beeinträchtigen.

Insbesondere dürfen Materialien und Werkstoffe in Kontakt mit Trinkwasser nicht

- den nach der TrinkwV vorgesehenen Schutz der menschlichen Gesundheit unmittelbar oder mittelbar mindern,
- den Geruch oder Geschmack des Trinkwassers nachteilig verändern, oder
- Stoffe in Mengen in das Trinkwasser abgeben, die größer sind als dies bei Einhaltung der allgemein anerkannten Regeln der Technik unvermeidbar ist.

Für Werkstoffe in Kontakt mit Trinkwasser gelten gemäß § 17 der Trinkwasserverordnung (TrinkwV), die materialspezifischen Bewertungsgrundlagen und Leitlinien des Umweltbundesamtes:

- Metallene Werkstoffe und Überzüge, die in Kontakt mit Trinkwasser kommen, müssen den Anforderungen der Bewertungsgrundlage für metallene Werkstoffe im Kontakt mit Trinkwasser (Metall-Bewertungsgrundlage) entsprechen.
- Organische Materialien müssen den materialspezifischen Bewertungsgrundlagen und den Leitlinien des Umweltbundesamtes zur hygienischen Beurteilung von Materialien in Kontakt mit Trinkwasser entsprechen.

Zur Auswahl der Werkstoffe für drucktragende Rohrleitungen und Bauteile (z.B. Armaturen, Verbindungselemente, Fittings) sind Produkte zu verwenden, deren Festigkeit bei dem jeweiligen Betriebsdruck PN mittels entsprechender Druckprüfung geprüft und zugelassen ist. Dieses trifft ebenfalls auf Druckerhöhungsanlagen zu.

Es ist insbesondere darauf zu achten, an welcher Stelle in der druckbeaufschlagten Trinkwasser-Installation das jeweilige Bauteil bei dem dort anliegenden Systemdruck eingesetzt werden soll (z.B. bei einer DEA im UG und einer Absperrarmatur im Zuleitungsbereich zu einer höher gelegenen Druckzone (siehe Kapitel 4.8 Druckzonen)

Den Vorgaben aus der Trinkwasserverordnung folgend, darf keine Gefährdung des Trinkwassers von den in eine Trinkwasser-Installation eingebauten Bauteilen und Komponenten ausgehen. Es ist daher zu überprüfen, ob alle eingesetzten Materialien und Werkstoffe (Rohrleitungen, Armaturen, Apparate und sonstige Komponenten) den Bewertungskriterien des Umweltbundesamtes entsprechen (siehe UBA BWGL für Metalle, Kunststoffe, Elastomere, Schmierstoffe und UBA-Leitlinien). In Planung, Ausführung und Betrieb ist daher von den Beteiligten darauf zu achten, dass ausschließlich Produkte verwendet werden, deren Werkstoffe nachweislich für den Einsatz im Trinkwasser geeignet sind.

Die AVB WasserV ist insgesamt zu beachten. Die Trinkwasser-Installation ist entsprechend § 12 (Kundenanlage) der AVB WasserV zu installieren.

4.3 Versorgungsdruck

Der Mindest-Versorgungsdruck SPLN (3.1), der maximale Versorgungsdruck (3.2) und die Art des Anschlusses (mittelbar/unmittelbar) müssen beim Wasserversorgungsunternehmen in Erfahrung gebracht werden. Nach diesen Angaben muss unter Berücksichtigung weiterer technischer Vorgaben, z. B. erforderlicher Volumenstrom, die Druckerhöhungsanlage ausgelegt werden.

Sind versorgungsseitige Druckschwankungen zu erwarten bei denen der maximale Versorgungsdruck größer als der geregelte Druck der Druckerhöhungsanlage (eingestellter Ausgangsdruck) ist, muss eingangsseitig ein Druckminderer zur Begrenzung vorgesehen werden (siehe Bild 2).

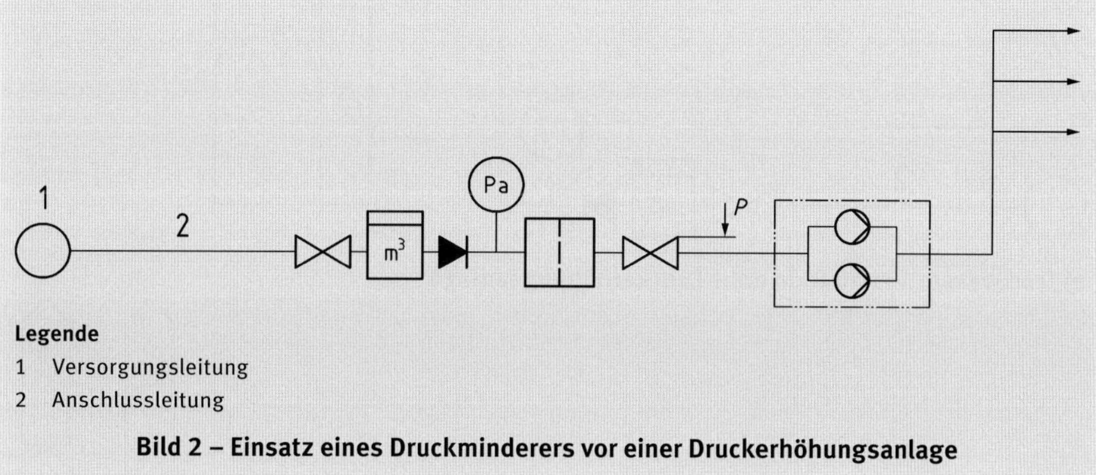

Legende

1 Versorgungsleitung

2 Anschlussleitung

Bild 2 – Einsatz eines Druckminderers vor einer Druckerhöhungsanlage

Wie bereits in Kapitel 4.1 beschrieben, ist das Wasserversorgungsunternehmen schriftlich anzufragen, wie hoch der Mindestfließdruck des zu versorgenden Gebäudes nach der Wasserzähleranlage ist und welche Volumenströme zur Verfügung gestellt werden können. Das Wasserversorgungsunternehmen gibt nach AVB WasserV verbindlich Auskunft über die bestehenden Hausanschlussbedingungen (s. Kapitel 4.7).

Zu den weiteren technischen Vorgaben gehört z. B., welche Armaturen, Geräte oder Apparate eingesetzt werden, welche Druckzonen einzuplanen sind und wo der Aufstellungsort der Druckerhöhungsanlage und der Trinkwassererwärmungsanlage(n) sein soll.

4.4 Druckerhöhung

Die Druckerhöhung muss die Differenz des Fließdruckes P_{Fl} (3.3) zum Mindest-Versorgungsdruck SPLN (3.1) erbringen (siehe Bild 3 a) und 3 b)).

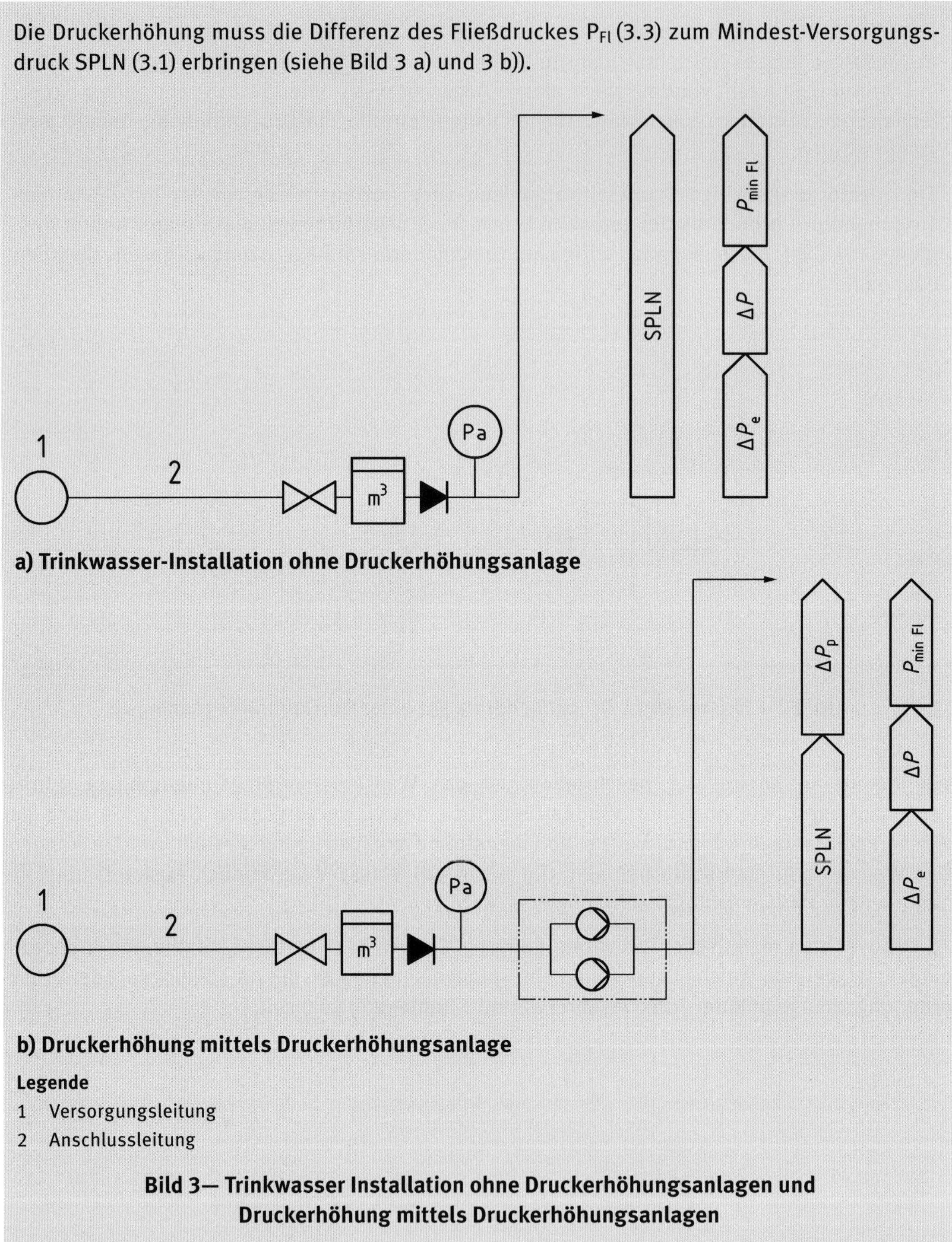

a) Trinkwasser-Installation ohne Druckerhöhungsanlage

b) Druckerhöhung mittels Druckerhöhungsanlage

Legende

1 Versorgungsleitung

2 Anschlussleitung

Bild 3— Trinkwasser Installation ohne Druckerhöhungsanlagen und Druckerhöhung mittels Druckerhöhungsanlagen

Der Förderdruck einer unmittelbar angeschlossenen Druckerhöhungsanlage errechnet sich prinzipiell nach Gleichung (4)

$$\Delta P_{\mathrm{p}} = \Delta P_{\mathrm{e}} + \Delta P + P_{\mathrm{minFL}} - SPLN \qquad (4)$$

Da ein atmosphärisch belüfteter Vorbehälter den Mindest-Versorgungsdruck *SPLN* eliminiert, errechnet sich der Förderdruck einer mittelbar angeschlossenen Druckerhöhungsanlage prinzipiell nach Gleichung (5)

$$\Delta P_p = \Delta P_e + \Delta P + P_{min\,FL} \quad (5)$$

ΔP_e: Druckverlust aus geodätischem Höhenunterschied

ΔP: Druckverluste aus Rohrreibung und Einzelwiderständen, Apparaten usw.

$P_{min\,FL}$: Mindestfließdruck an der Entnahmestelle (Armatur/Sicherungseinrichtung /Apparateanschluss)

SPLN: Mindest-Versorgungsdruck

4.5 Versorgungssicherheit und Hygiene

Druckerhöhungsanlagen müssen so ausgelegt, betrieben und unterhalten werden, dass die ständige Betriebssicherheit der Trinkwasser-Installation gegeben ist und weder die öffentliche Wasserversorgung noch andere Verbrauchsanlagen störend beeinflusst werden. Eine nachteilige, insbesondere hygienische Veränderung der Trinkwasserbeschaffenheit muss ausgeschlossen sein.

Eine Druckerhöhungsanlage muss mit Sicherheit die Versorgung eines Grundstücks hinsichtlich Wassermenge und Wasserdruck gewährleisten, solange die Trinkwasserversorgung eingangsseitig der Druckerhöhungsanlage sichergestellt ist.

Dabei ist die sichere und störungsfreie Betriebsweise einer Druckerhöhungsanlage nicht nur auf die wasserseitigen Anforderungen beschränkt, sondern es sind auch die Anforderungen zur elektrischen Betriebssicherheit und elektromagnetischen Verträglichkeit der jeweiligen EU-Richtlinien zu berücksichtigen.

Zu der verlangten Betriebssicherheit gehören ebenso ein bestimmungsgemäßer Betrieb und eine regelmäßige Inspektion und Wartung entsprechend Kapitel 6.

Eine Druckerhöhungsanlage muss alle trinkwasserhygienischen Anforderungen erfüllen, betriebssicher, wirtschaftlich und geräuscharm arbeiten. Dabei ist neben der fachgerechten Installation, der Wartung und dem fachgerechten Betrieb besonders auf die Wahl des Aufstellungsortes der DEA zu achten.

Das Trinkwasser darf durch den Betrieb in der Druckerhöhungsanlage sowie durch Umgebungstemperaturen im Aufstellungsraum keine außerordentliche Temperaturerhöhung erfahren. Die maximale Trinkwassertemperatur für „kaltes“ Trinkwasser ist nach DIN EN 806-2 Abschnitt 3.6 auf $\leq$ 25 °C begrenzt.

Bei der Inbetriebsetzung ist eine Druckerhöhungsanlage und die nachfolgende Rohrleitung bis zu den Entnahmearmaturen nach DIN EN 806-4 gründlich zu spülen, damit ein anschließender hygienischer Betrieb gewährleistet ist. Das ZVSHK-Merkblatt „Spülen, Desinfizieren und Inbetriebnahme“ bietet hierzu eine ausführliche Ausführungsunterstützung.

Bevor die Druckerhöhungsanlage gefüllt und in Betrieb gesetzt wird, ist die vorgeschaltete Trinkwasser-Installation zu spülen. Ebenfalls ist die Druckerhöhungsanlage auf der Druckseite vom Rohrnetz zu trennen und separat zu spülen. Spülwasser muss mittels freien Auslaufs in die Entwässerung abgeleitet werden und darf nicht in die Trinkwasser-Installation gelangen.

Spülmaßnahmen sollten ausführlich protokolliert werden.

Eine mikrobiologische Beprobung ist jeweils nach jeder erfolgten Spülmaßnahme für jeden einzelnen Abschnitt zu empfehlen. Erst nach Nachweis der hygienischen Unbedenklichkeit ist der nächste Spülabschnitt in Angriff zu nehmen, um auszuschließen, dass in Fließrichtung folgende Bauteile/Komponenten kontaminiert werden.

Empfehlung: Die Trinkwasserproben sollten für die folgenden Parameter analysiert werden:

- Enterokokken
- Koloniezahl (22 °C / 36 °C)
- E.-Coli
- Coliforme Bakterien
- Pseudomonas aeruginosa

4.6 Förderstrom

Der notwendige Förderstrom (Spitzendurchfluss Q_D) muss nach DIN 1988-300 ermittelt werden.

Die maximale Fließgeschwindigkeit in der Anschlussleitung und der Zuleitung zur Druckerhöhungsanlage darf 2 m/s nicht überschreiten.

Im bestimmungsgemäßen Betrieb einer drehzahlgesteuerten Druckerhöhungsanlage ist beim Zu- und Abschalten einer Pumpe keine nennenswerte druckschlagerzeugende Änderung der Fließgeschwindigkeit in der Anschlussleitung zu erwarten.

Beim nicht-bestimmungsgemäßen Abschalten einer oder mehrerer Pumpen einer drehzahlgesteuerten Druckerhöhungsanlage, z. B. Stromausfall, darf der maximale Druckunterschied in der Anschlussleitung bezogen auf den Ruhedruck 0,1 MPa nicht überschreiten. Dies wird dadurch sichergestellt, dass die eingangsseitig genannte maximale Fließgeschwindigkeit von 2 m/s bereits in der Planung berücksichtigt wird.

Damit eine Druckerhöhungsanlage die Anforderungen an Komfort, Hygiene, Energieeffizienz und Wirtschaftlichkeit erfüllen kann, muss die Anlagengröße hinsichtlich des Anlagendrucks und des Förderstroms den spezifischen Anforderungen der zu versorgenden Trinkwasser-Installation angepasst werden.

Bei unmittelbar angeschlossenen Druckererhöhungsanlagen und mittelbar angeschlossenen Druckerhöhungsanlagen mit Vorbehältern ohne Ausgleichsfunktion muss der Förderstrom (Q_p) dem Spitzenvolumenstrom (Q_D) entsprechen.

Druckerhöhungsanlagen für Trinkwasser-Installationen in fachgerechter Kombination mit Wandhydranten Typ S sind nach DIN 1988-500 auszulegen (siehe auch DIN 1988-600, Abschnitt Druckerhöhungsanlagen).

Die Druckerhöhungsanlage ist für einen Dauerbetrieb auszulegen.

In der Anschlussleitung und in den Verteilleitungen bis zu einer Druckerhöhungsanlage dürfen die Fließgeschwindigkeiten nicht größer werden als 2 m/s. Dadurch ist gewährleistet, dass beim nicht-bestimmungsgemäßen Abschalten der Druckerhöhungsanlage, z. B. durch Stromausfall, Schwankungen im Ruhedruck in der Anschlussleitung 0,1 MPa nicht überschreiten.

Unmittelbar angeschlossene Druckerhöhungsanlagen mit mehreren drehzahlgesteuerten Pumpen erfüllen grundsätzlich immer die vorstehenden Anforderungen.

In Bild 16 wird gezeigt, dass bei Pumpen mit fester Drehzahl die Volumenstrom- und damit auch die Fließgeschwindigkeitsänderung in der Hausanschlussleitung durch das Ein- bzw. Ausschalten der DEA relativ groß ist und damit die Gefahr besteht, dass die zulässigen Grenzen in den Druckschwankungen überschritten werden.

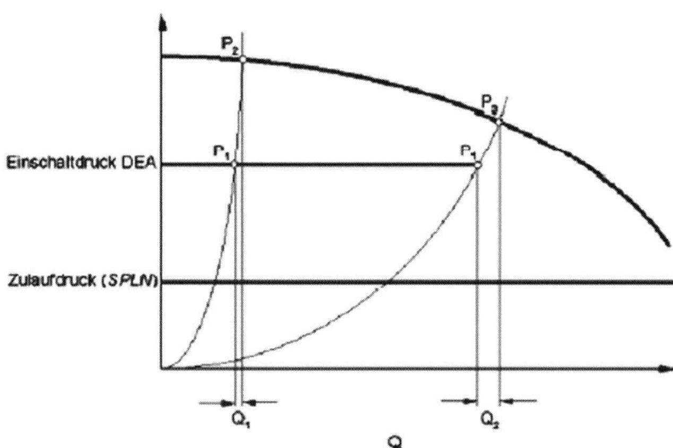

Legende

Q_1 Volumenstromänderung im Teillastbetrieb

Q_2 Volumenstromänderung im Nennlastbetrieb

Bild 16: Einfluss der Betriebsart einer DEA auf den Volumenstrom bei fester Drehzahl der Pumpe

Bild 16 zeigt den Einfluss einer DEA (feste Drehzahl der Pumpe/Anlage) auf die Volumenstromänderung und die damit verbundenen Druckschwankungen im Ruhedruck beim Schalten der DEA.

In Bild 17 wird gezeigt, dass bei Pumpen mit Drehzahlsteuerung die Volumenstrom- und damit auch die Änderungen des Ruhedruckes in der Hausanschlussleitung durch das Ein- bzw. Ausschalten der DEA immer in den zulässigen Grenzen bleiben.

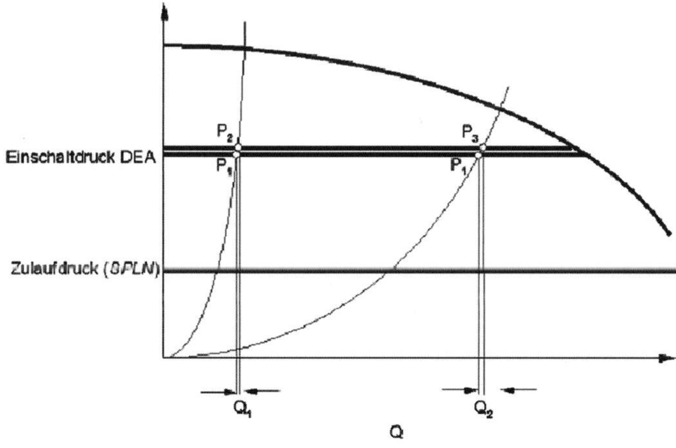

Legende

Q_1 Volumenstromänderung im Teillastbetrieb

Q_2 Volumenstromänderung im Nennlastbetrieb

Bild 17: Einfluss der Betriebsart einer DEA auf den Volumenstrom bei drehzahlgesteuerten Pumpen

Bild 17 zeigt den Einfluss der DEA auf die Volumenstromänderung und der damit verbundenen Druckschwankungen beim Schalten einer DEA mit drehzahlgesteuerten Pumpen.

Bei mittelbar angeschlossenen Druckerhöhungsanlagen werden die Druckschwankungen in den Leitungen bis zum Trinkwasserbehälter im Wesentlichen durch Öffnungs- und Schließvorgänge der Füllarmatur verursacht. Es müssen Füllarmaturen verwendet werden, die sicherstellen, dass diese Druckschwankungen 2 bar nicht überschreiten.

Fließdruck an der Füllarmatur in den Vorlagebehälter

Bei Mindestfließdruck $P_{\text{min FL}}$ muss die Füllarmatur mindestens den geforderten Spitzendurchfluss liefern. Zusätzlich muss sichergestellt sein, dass die Füllarmatur im voll geöffneten Zustand und bei dem maximal zu erwartenden Druck, dem Ruhedruck (P_{Ruhe}), den Grenzwert für die Fließgeschwindigkeit in der Anschlussleitung von 2 m/s nicht überschreitet.

Beispiel:

Notwendiger Spitzendurchfluss: $Q_D = 13$ m³/h

Mindestfließdruck: $P_{\text{min FL}} = 0{,}2$ MPa

Ruhedruck: $P_{\text{Ruhe}} = 0{,}25$ MPa

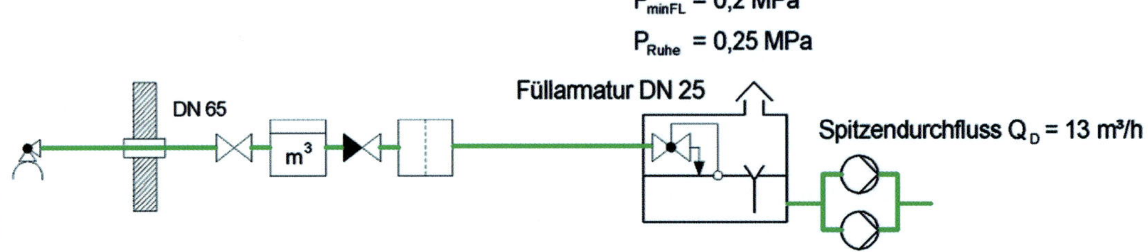

Bild 18: Beispiel für die Auslegung einer Füllarmatur

Abhängig vom anstehenden Mindestfließdruck vor der Füllarmatur und vom geforderten Pumpenvolumenstrom der DEA ist eine ausreichend dimensionierte Füllarmatur aus Herstellerunterlagen auszuwählen. Für die gezielte Auswahl einer geeigneten Armatur muss der erforderliche K_V-Wert berechnet werden. Er kann auf Grundlage der Gleichung (6-1) rechnerisch ermittelt werden.

$$K_V = \frac{Q_D}{\sqrt{\frac{P_{\text{min FL}}}{0{,}1}}} \tag{6-1}$$

$$K_V = \frac{13}{\sqrt{\frac{0{,}2}{0{,}1}}} = 9{,}2\,\text{m}^3/\text{h} \tag{6-2}$$

Mit dem so berechneten K_V-Wert kann aus Herstellerunterlagen eine Füllarmatur mit DN 25 und einem K_V-Wert von 10 m³/h ausgewählt werden. Die ausgewählte Füllarmatur liefert für die Ausgangsdaten des Beispiels mit dem Mindestfließdruck von 0,2 MPa unter Verwendung der Gleichung (7-1) bzw. von Bild 19 einen Durchfluss von 14,1 m³/h. Dieser Durchfluss ist größer als gefordert. Die gewählte Füllarmatur kann verwendet werden.

$$Q_{\text{Füllarmatur}} = \sqrt{\frac{P_{\text{minFL}}}{0{,}1}} \cdot K_V \qquad (7\text{-}1)$$

$$Q_{\text{Füllarmatur}} = \sqrt{\frac{0{,}2}{0{,}1}} \cdot 10 = 14{,}1\,\text{m}^3/\text{h} \qquad (7\text{-}2)$$

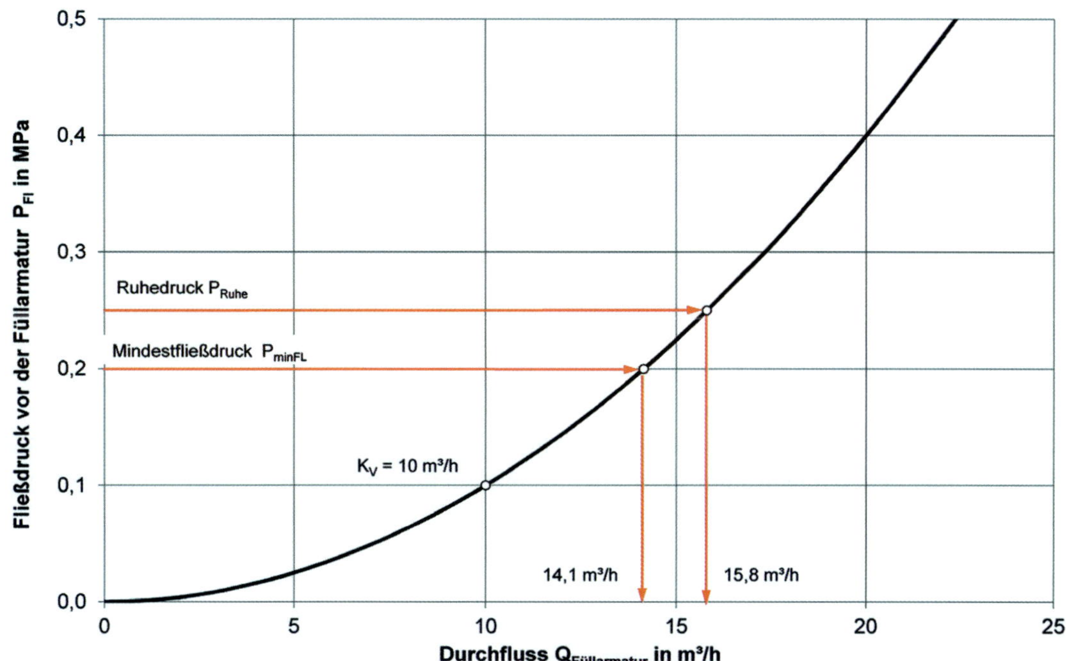

Bild 19: Armaturenkennlinie einer Füllarmatur

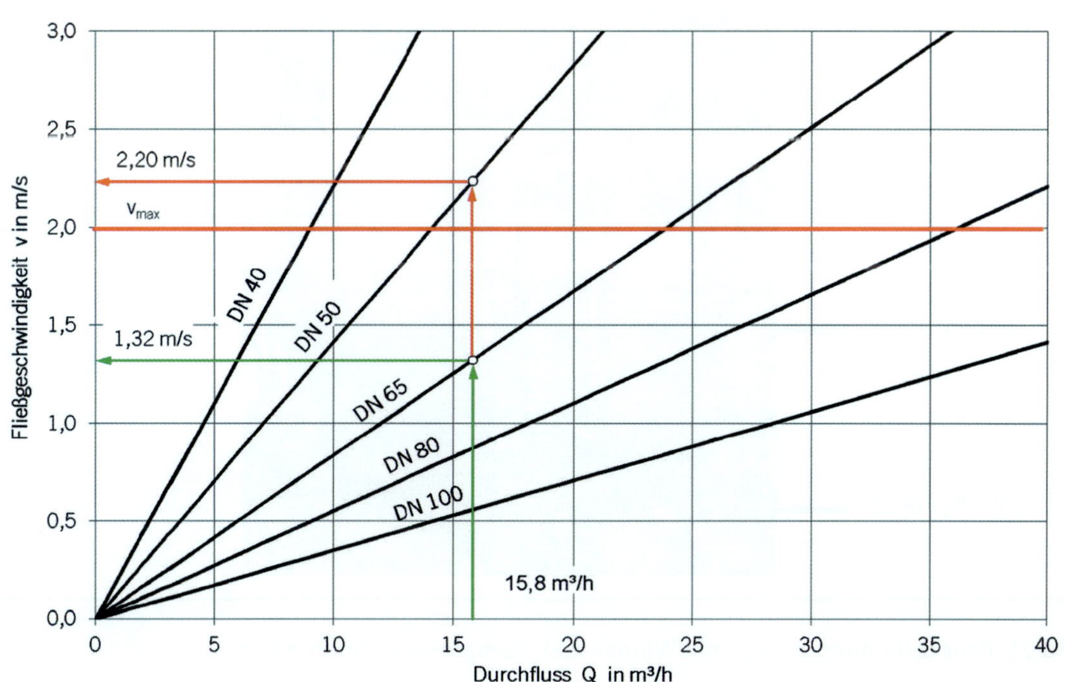

Bild 20: Fließgeschwindigkeiten in der Anschlussleitung (DN = d_i in mm) in Abhängigkeit vom Durchfluss

In der Folge muss nachgewiesen werden, dass bei dem maximal zu erwartenden Durchfluss der Füllarmatur (15,8 m^3/h) die zulässige Fließgeschwindigkeit in der Anschlussleitung von 2 m/s nicht überschritten wird.

Die Anschlussleitung muss bis zur Füllarmatur in der Nennweite DN 65 ausgeführt werden, damit die Fließgeschwindigkeit mit 1,4 m/s geringer wird als die maximal zulässige von 2 m/s (Bild 20).

Druckstöße

Nur Fließgeschwindigkeitsänderungen können Druckstöße verursachen. Pumpen alleine können dieses nicht. Abrupte Fließgeschwindigkeitsänderungen können in Anlagen ohne nachgeschalteten Windkessel oder Membran-Ausdehnungsgefäße nur durch die Betätigung von Entnahmearmaturen verursacht werden, z. B. durch schnelles Öffnen oder Schließen, wie z. B. von Einhebelmischarmaturen, durch Druckspüler, Magnetventile etc., und nicht durch die Druckerhöhungsanlage.

Fließgeschwindigkeitsänderungen und damit verbundene unzulässige Druckschwankungen in der Anschlussleitung zur DEA können nur dann durch Druckerhöhungsanlagen verursacht werden, wenn nachgeschaltete Windkessel oder große Membran-Ausdehnungsgefäße verwendet werden. Mit Erreichen des Einschaltdruckes der DEA ist der Nutzinhalt des Windkessels bzw. des Membran-Ausdehnungsgefäßes erschöpft. Die DEA deckt mit Anlaufen der Pumpen dann nicht nur den momentanen Verbrauch, sondern füllt mit dem großen Anlaufvolumenstrom gleichzeitig auch den Windkessel. Dadurch wird mit dem Anlaufvorgang schlagartig ein großer Volumenstrom in der Anschlussleitung erzeugt, der große Fließgeschwindigkeitsänderungen nach sich zieht. Mit Erreichen des Ausschaltdruckes wird ebenfalls abrupt die Fließgeschwindigkeit reduziert. Beide Vorgänge verursachen in der Regel unzulässig hohe Druckschwankungen im Ruhedruck vor der DEA.

Bild 21: Druckerhöhungsanlage mit Windkessel, Kompressor und Pumpen

Bei drehzahlgesteuerten Druckerhöhungsanlagen sind nachgeschaltete Windkessel oder Membran-Ausdehnungsgefäße (als Schaltdruckgefäße) nicht erforderlich. Der Volumenstrom entspricht mit Pumpenanlauf nur dem momentanen Verbrauch. Der Ausschaltvorgang verursacht auch nur geringe Fließgeschwindigkeitsänderungen.

Unter anderem aus diesem Grund werden in dieser Norm nur drehzahlgesteuerte Druckerhöhungsanlagen ohne nachgeschalteten Windkessel oder Membran-Ausdehnungsgefäße behandelt.

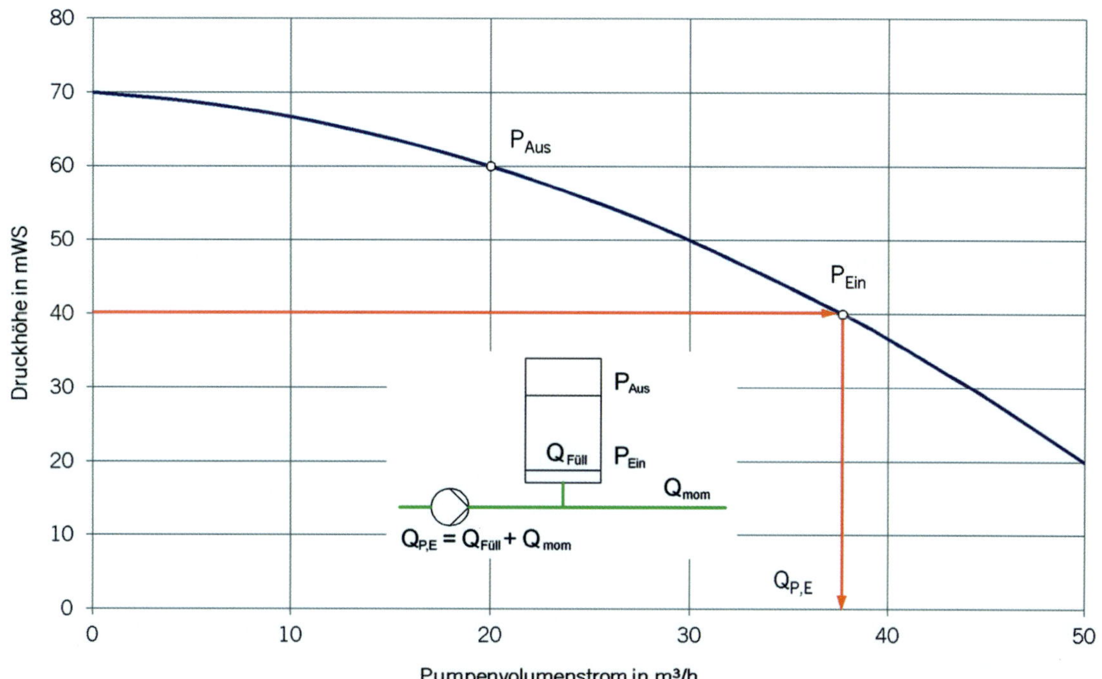

Bild 22: Einschaltvolumenstrom bei Druckerhöhungsanlagen mit nachgeschaltetem Windkessel

4.7 Förderdruck

Der Förderdruck ΔP_p (3.5) der Druckerhöhungsanlage ergibt sich als Summe aus

- dem Druckverlust aus geodätischem Höhenunterschied ΔP_e (3.7),
- dem Mindestfließdruck $P_{min\ FL}$ (3.4) an der hydraulisch ungünstigsten Entnahmestelle und
- dem Druckverlust ΔP (3.6) aus Rohrreibungs- und Einzelwiderständen

abzüglich dem Mindest-Versorgungsdruck *SPLN* (3.1) (siehe Bild 2).

Für die Abschätzung der Druckverluste aus Rohrreibungs- und Einzelwiderständen $\sum(l \cdot R + Z)$ der Verbrauchsleitungen nach der Druckerhöhungsanlage können für das Druckgefälle die Werte nach Tabelle 1 gewählt werden:

Tabelle 1 – Mittleres Druckgefälle

Rohrleitungslänge Druckerhöhungsanlage bis hydraulisch ungünstigster Entnahmestelle $\sum l_{nach}$ **m**	**Mittleres Druckgefälle der Verbrauchsleitungen** $\frac{\Delta p}{l} = \frac{(l \cdot R + Z)_{nach}}{\sum l_{nach}}$ **hPa/m**
≤ 30	20
$> 30 \leq 80$	15
> 80	10

Der zur Verfügung stehende Fließdruck nach der Druckerhöhungsanlage ergibt sich als Summe aus

- dem Mindest-Versorgungsdruck *SPLN* (3.1) und
- dem Förderdruck ΔP_p (3.5) der Druckerhöhungsanlage.

Der Förderdruck der Druckerhöhungsanlage ΔP_p ergibt sich aus der Differenz der Fließdrücke im Eingangs- bzw. Ausgangsstutzen der DEA (Gleichung 8) bei Spitzendurchfluss Q_D.

$$\Delta P_p = P_{FL,nach} - P_{FL,vor} \tag{8}$$

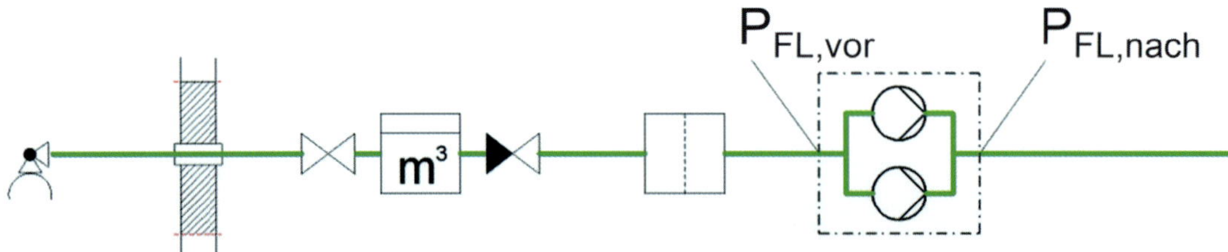

Bild 23: Maßgebliche Fließdrücke zur Ermittlung des Förderdrucks der DEA (Beispiel: unmittelbarer Anschluss)

$P_{FL,nach}$: notwendiger Fließdruck bei Spitzendurchfluss Q_D direkt nach der Druckerhöhungsanlage

$P_{FL,vor}$: vorhandener Mindestfließdruck bei Spitzendurchfluss Q_D vor der Druckerhöhungsanlage

Fließdruck am Eingangsstutzen der DEA

Für unmittelbar angeschlossene Druckerhöhungsanlagen ist der Fließdruck am Eingangsstutzen der DEA $P_{FL,vor}$ gemäß Gleichung (9) zu ermitteln.

$$P_{FL,vor} = SPLN - \Delta P_{e,vor} - \Delta P_{WZ} - \Delta P_{Ap} - \Sigma(l \cdot R + Z)_{vor} \quad (9)$$

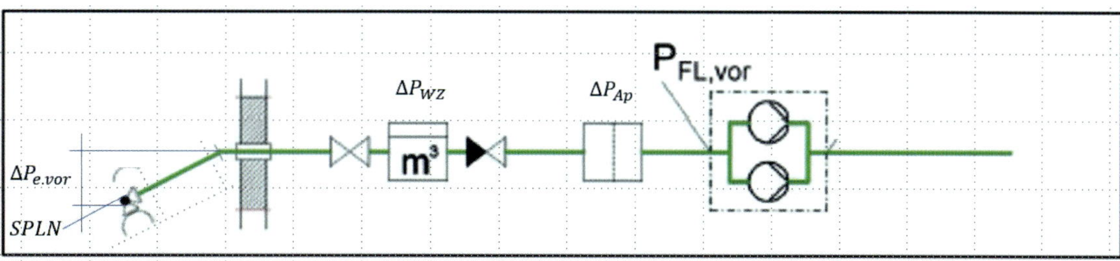

Bild 24: Bezeichnungen zur Ermittlung des vorhandenen Fließdruckes vor der DEA bei unmittelbarem Anschluss

SPLN:	Mindest-Versorgungsdruck
$\Delta P_{e,vor}$:	Höhenunterschied von der Anschlussvorrichtung bis zum Aufstellort der DEA
ΔP_{WZ}:	Druckverluste im Wasserzähler
ΔP_{Ap}:	Druckverluste in eventuell der DEA vorgeschalteten Apparaten
$\Sigma(l \cdot R + Z)$:	Summe der Druckverluste aus Rohrreibung und Einzelwiderständen im Fließweg von der Anschlussvorrichtung bis zum Eingangsstutzen der DEA

Es liegt in der Verantwortung des Planers/Installateurs, den Mindest-Versorgungsdruck *SPLN*, weitere Druckverluste der Anschlussleitung, der Absperrorgane und der Wasserzähleranlage oder den Mindestfließdruck hinter der Wasserzähleranlage einzuholen. Der geodätische Höhenunterschied zwischen der Versorgungsleitung und der Einbauhöhe der Wasserzähleranlage ist zu berücksichtigen.

Die Auswahl des Wasserzählers durch das WVU muss nach DVGW W 406 erfolgen.

Liegen diese Angaben seitens des WVU zum Zeitpunkt der Planung/Ausführung noch nicht vor, so muss zunächst der pauschale Ansatz für den Druckverlust nach DIN 1988-300 berücksichtigt werden (für Anschlussleitung und Wasserzähleranlage 850 hPa).

Der sich aus den Angaben des WVU ergebende Druckverlust der Hausanschlussleitung sowie der Druckverlust in der Wasserzähleranlage ist vom Planer anschließend in die Berechnung für die Trinkwasser-Installation nach DIN 1988-300 einzusetzen und die vorab getroffenen Annahmen sind zu kontrollieren.

Unter Umständen kann es vorkommen, dass unter Berücksichtigung der realen Werte eine ursprünglich errechnete DEA nicht mehr notwendig ist.

Der Fließdruck $P_{FL,vor}$ unmittelbar vor der DEA muss $\geq$ 0,1 MPa betragen.

Sollte der Fließdruck $P_{FL,vor}$ 0,1 MPa unterschreiten, sind Alternativen zu prüfen, die das Unterschreiten verhindern können (z. B. andere Apparate mit geringeren Druckverlusten, Verlegung der vorgeschalteten Apparate hinter die DEA, Druckverlustoptimierungen, Rücksprache mit dem WVU bzgl. kleineren Werten als 0,1 MPa).

Erst wenn die Summe der realisierbaren Alternativen nicht die gewünschte Wirkung zeigt, ist ein druckloser Vorbehälter und damit ein mittelbarer Anschluss zu wählen. Die Wahl eines drucklosen Vorbehälters sollte aus trinkwasserhygienischen Gründen als letztes Mittel in Betracht gezogen werden.

Bei der Verwendung eines offenen Vorbehälters wird der Mindest-Versorgungsdruck am Eingang des Vorbehälters vollständig vernichtet. Für mittelbar angeschlossene Druckerhöhungsanlagen ist der Fließdruck am Eingangsstutzen der DEA $P_{FL,vor}$ somit gemäß Gleichung (10) zu ermitteln.

$$P_{FL,vor} = \Delta P_{TLS,vor} - \Sigma(l \cdot R + Z)_{vor} \quad (10)$$

$\Delta P_{TLS,vor}$: Höhenunterschied vom Abschaltpunkt der DEA bei Trockenlaufschutz () im Vorbehälter bis zum Aufstellort der DEA

$\Sigma(l \cdot R + Z)$: Summe der Druckverluste aus Rohrreibung und Einzelwiderständen im Fließweg von der Entnahme Vorbehälter bis zum Eingangsstutzen der DEA

Ist der Vorbehälter höher oder niedriger als die DEA aufgestellt, so können sich unterschiedliche Eingangsfließdrücke ($P_{FL,vor}$) positiv und negativ ergeben.

Der Zulaufdruck am Anschluss der DEA kann aus technischer Sicht auch negativ sein, ohne dass sich hieraus zwingend eine Gefährdung für den sicheren Betrieb der DEA ergibt. Ein positiver Vordruck vor der DEA ist zu empfehlen.

Fließdruck am Druckstutzen der DEA

Der Fließdruck $P_{FL,nach}$ am Druckstutzen der Druckerhöhungsanlage ist auf Grundlage der Gleichung (11) zu ermitteln.

$$P_{FL,nach} = \Delta P_{e,nach} + \Delta P_{Ap,nach} - \Sigma(l \cdot R + Z)_{nach} + P_{min\,FL} \quad (11)$$

$\Delta P_{e,nach}$: Höhenunterschied zwischen dem ausgangsseitigen Anschlussstutzen der DEA bis zur höchstgelegenen Entnahmearmatur

$\Delta P_{Ap,nach}$: Druckverluste in eventuell der DEA nachgeschalteten Apparaten, z. B. in Wohnungs-Wasserzählern

$\Sigma(l \cdot R + Z)_{nach}$: Druckverluste aus Rohrreibung und Einzelwiderständen im Fließweg vom ausgangsseitigen Anschlussstutzen der DEA bis zur hydraulisch ungünstigsten Entnahmearmatur

$P_{min\,FL}$: Mindestfließdruck an der hydraulisch ungünstigsten Entnahmearmatur

Verteilungsleitungen

Die Nennweiten der Verteilungsleitungen nach der DEA können erst durch eine hydraulische Berechnung bestimmt werden, wenn die Ausführungsart der DEA feststeht und der Förderdruck ΔP_P bekannt ist. Ebenso müssen die zur Verarbeitung vorgesehenen Rohrwerkstoffe, Verbindungstechniken, Armaturen, Geräte- und Apparatedaten bekannt sein, um eine differenzierte Rohrnetzberechnung durchführen zu können.

Zur Ermittlung des Förderdruckes der DEA gemäß Gleichung (9) bis Gleichung (11) müssen zunächst die Druckverluste aus Rohrreibungs- und Einzelwiderständen $\Sigma(l \cdot R + Z)_{nach}$ der Verbrauchsleitungen nach der DEA unter Verwendung eines mittleren Druckgefälles in Abhängigkeit der Fließweglänge abgeschätzt werden. Dafür kann die Tabelle 1 (Mittleres Druckgefälle) aus der DIN 1988-500 verwendet werden.

Bild 25 zeigt noch mal zusammenfassend die Druckverhältnisse vor und hinter einer Druckerhöhungsanlage.

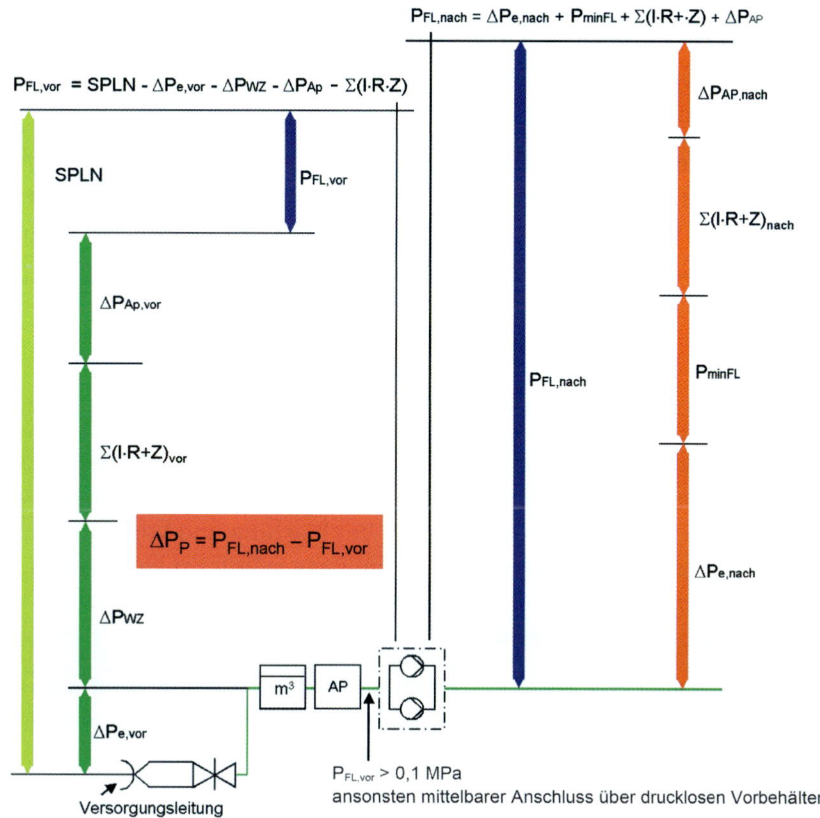

Bild 25: Druckverhältnisse vor und hinter einer Druckerhöhungsanlage (1 bar = 0,1 MPa)

Aufstellort

Der Förderdruck einer unmittelbar angeschlossenen Druckerhöhungsanlage ist in einem Verteilungssystem unabhängig von der Höhenlage des Aufstellungsortes der DEA (25).

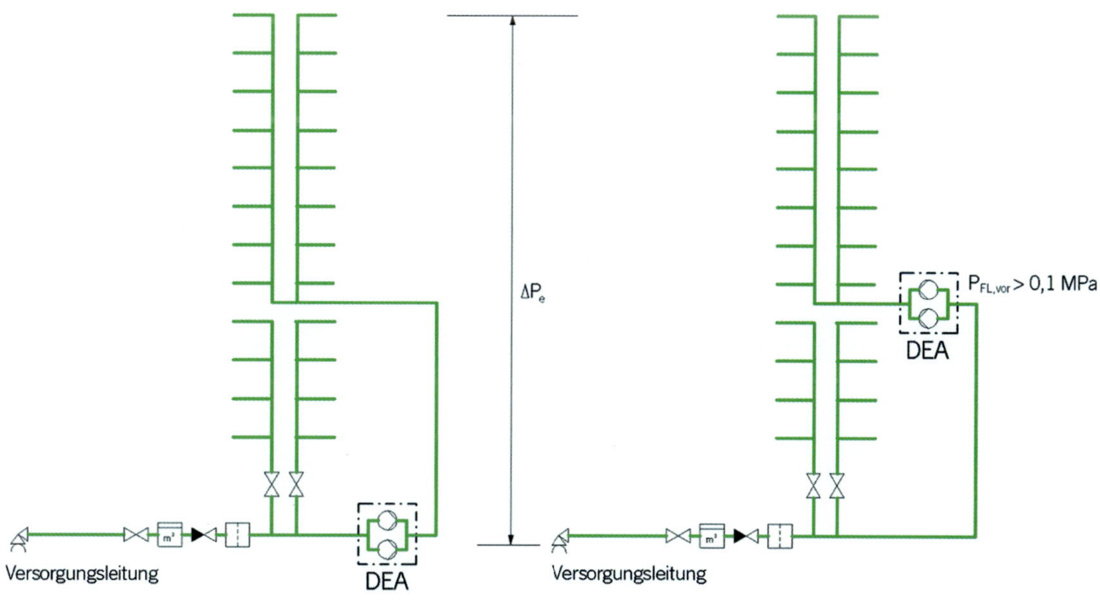

Bild 26: Aufstellungsort der DEA im Keller bzw. in einem Zwischen-/Technikgeschoss

Der Aufstellungsort für eine unmittelbar angeschlossene DEA darf nur so weit nach oben gelegt werden, dass die Pumpe vollständig entlüftet werden kann. Der Mindestfließdruck $P_{FL,vor}$ am Eingangsstutzen der DEA muss in Betrieb immer positiv sein.

Der Mindestfließdruck $P_{FL,nach}$ innerhalb einer Druckzone darf zu keinem Zeitpunkt größer 1 MPa sein (der Betriebsdruck PN10 ist von allen Komponenten im Trinkwasser zu erfüllen). Aus Schallschutzgründen dürfen 0,5 MPa an den Entnahmestellen nicht überschritten werden (Einhaltung des Ruhedruckes).

Für Verbindungsleitungen zwischen DEA und einer Druckzone dürfen Drücke > 1 MPa realisiert werden, wenn sich in diesem Leitungsabschnitt keine Entnahmestellen befinden. In den betreffenden Bereichen müssen Rohre, Verbinder, Leitungsarmaturen usw. eingesetzt werden, die für die höheren Betriebsdrücke geeignet sind.

4.8 Druckzonen

Werden bei der Planung verschiedene Druckzonen vorgesehen, sind die nachstehenden Ausführungsarten möglich. Die Anzahl und Größe der Druckzonen sowie die Anordnung der Druckerhöhungsanlage müssen sinnvoll dimensioniert werden. Aus energetischen Gründen sowie aus Gründen der Verhältnismäßigkeit der Wartung und Versorgungssicherheit im Betrieb sollten die Druckzonen so gewählt werden, dass möglichst keine Druckminderer notwendig sind. Es muss darauf geachtet werden, dass an keiner Entnahmestelle der Ruhedruck von maximal 0,5 MPa überschritten wird.

Werden Druckzonen gebildet muss berücksichtigt werden, dass bei zentraler Trinkwassererwärmung die Versorgung für PWC, PWH und PWH-C für die jeweilige gemeinsame Druckzone aufgebaut wird (siehe Bild 4 b), Bild 5 b), Bild 6 b) und Bild 7 b)).

– Ausführungsart A

Das Gebäude wird unmittelbar mit dem Versorgungsdruck betrieben, nur erforderliche Bereiche werden über eine Druckerhöhungsanlage versorgt. Eine Trinkwassererwärmung kann dezentral erfolgen (siehe Bild 4 a)).

Bei zentraler Trinkwassererwärmung wird je Druckzone ein Trinkwassererwärmungssystem erforderlich (siehe Bild 4 b)).

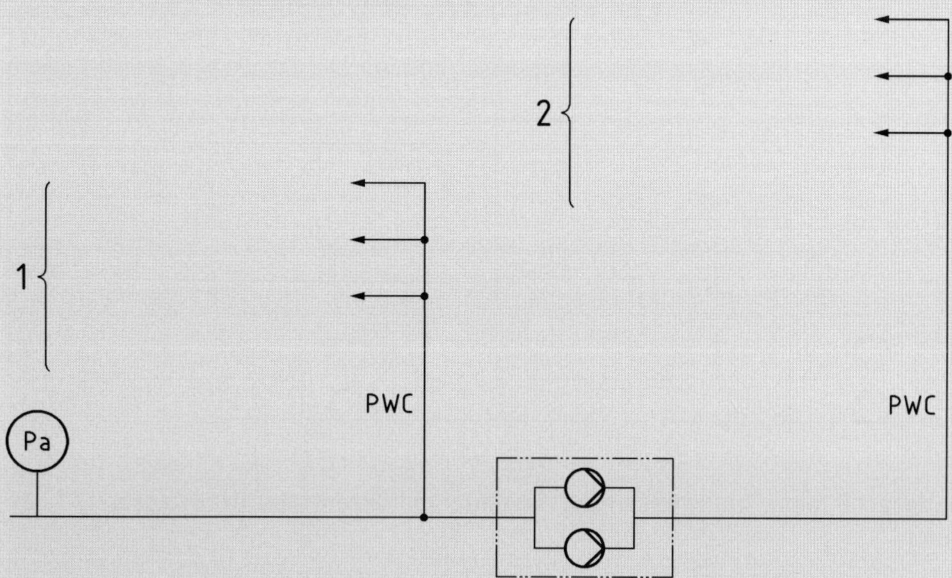

a) Ausführungsart A, ohne Trinkwassererwärmer oder mit dezentraler Trinkwassererwärmung

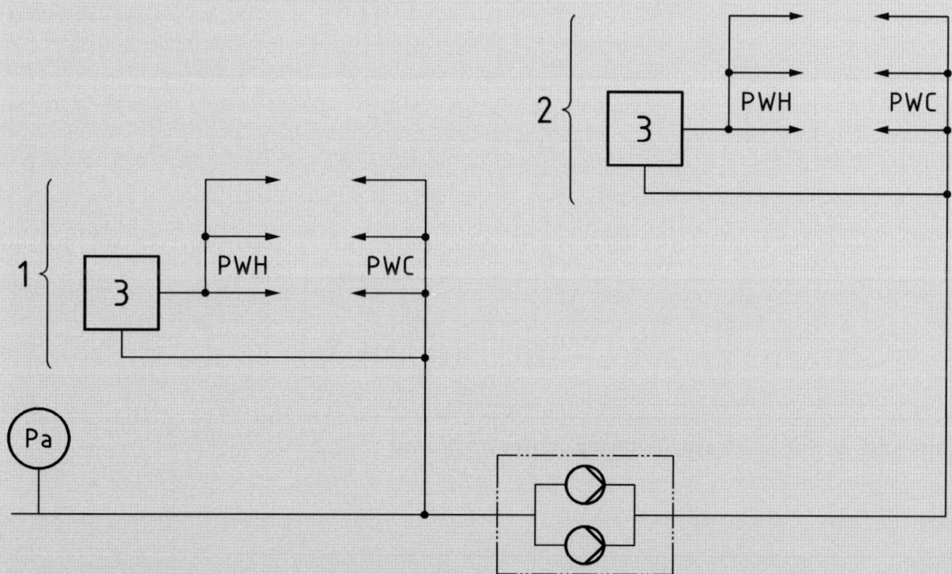

b) Ausführungsart A, mit zentraler Trinkwassererwärmung

Legende

1 Druckzone 1 (Mindest-Versorgungsdruck)
2 Druckzone 2
3 Trinkwassererwärmer

Bild 4 – Ausführungsart A

- Ausführungsart B

  Einbau mehrerer Druckerhöhungsanlagen, so dass jeder Druckzone eine eigene Druckerhöhungsanlage zugeordnet werden kann (siehe Bild 5 a) und Bild 5 b)).

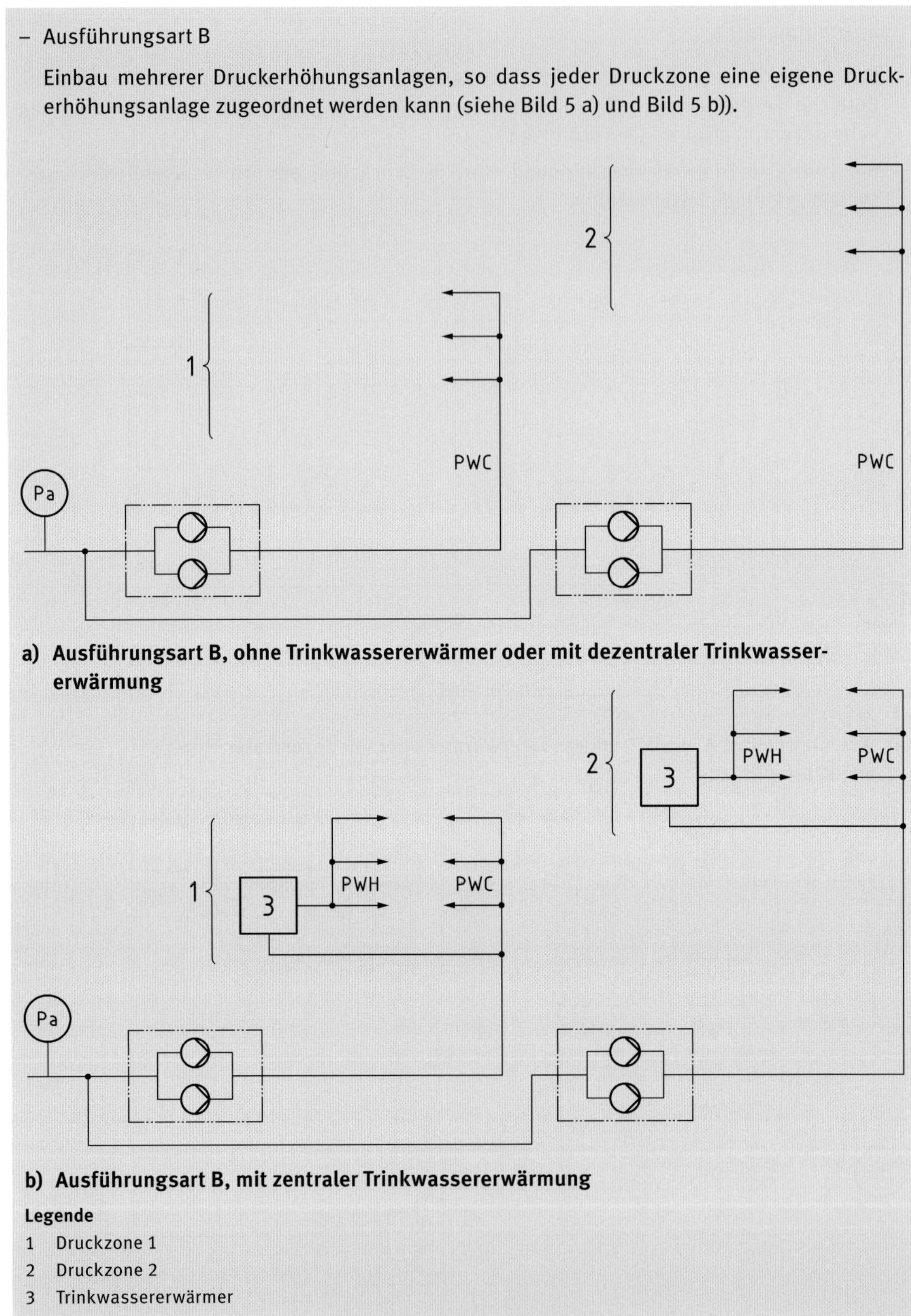

a) Ausführungsart B, ohne Trinkwassererwärmer oder mit dezentraler Trinkwassererwärmung

b) Ausführungsart B, mit zentraler Trinkwassererwärmung

Legende

1 Druckzone 1
2 Druckzone 2
3 Trinkwassererwärmer

Bild 5 – Ausführungsart B

– Ausführungsart C

Eine Druckerhöhungsanlage mit einem zentralen Druckminderer für jeweils eine Druckzone (siehe Bild 6 a) und Bild 6 b)).

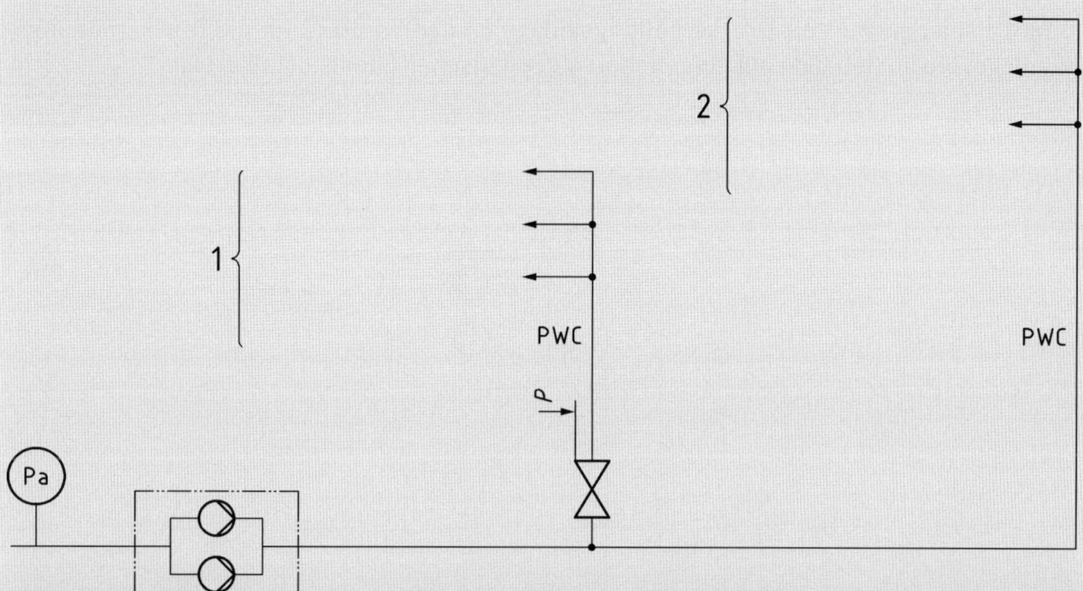

a) Ausführungsart C, ohne Trinkwassererwärmer oder mit dezentraler Trinkwassererwärmung

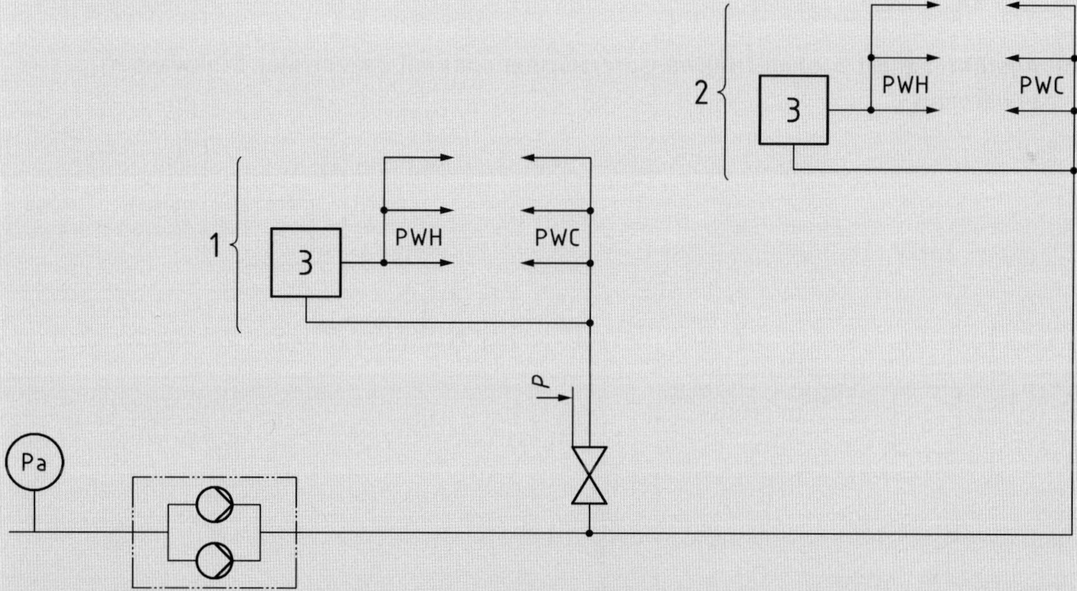

b) Ausführungsart C, mit zentraler Trinkwassererwärmung

Legende

1 Druckzone 1

2 Druckzone 2

3 Trinkwassererwärmer

Bild 6 – Ausführungsart C

- Ausführungsart D

  Einbau mehrerer Druckerhöhungsanlagen in Reihenschaltung, so dass jeder Druckzone eine eigene Druckerhöhungsanlage zugeordnet werden kann (siehe Bild 7 a) und Bild 7 b)).

  Im Beispiel erzeugt die Druckerhöhungsanlage (a) den Vordruck für die Druckerhöhungsanlage, die im Gebäude auf einer höheren geodätischen Ebene installiert ist.

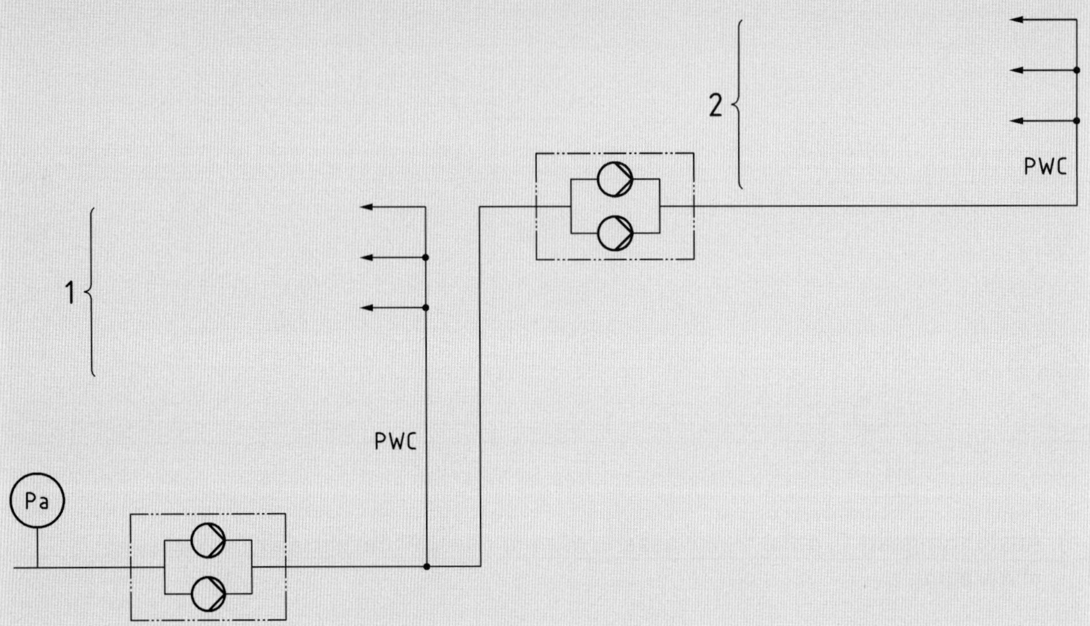

a) Ausführungsart D, ohne Trinkwassererwärmer oder mit dezentraler Trinkwassererwärmung

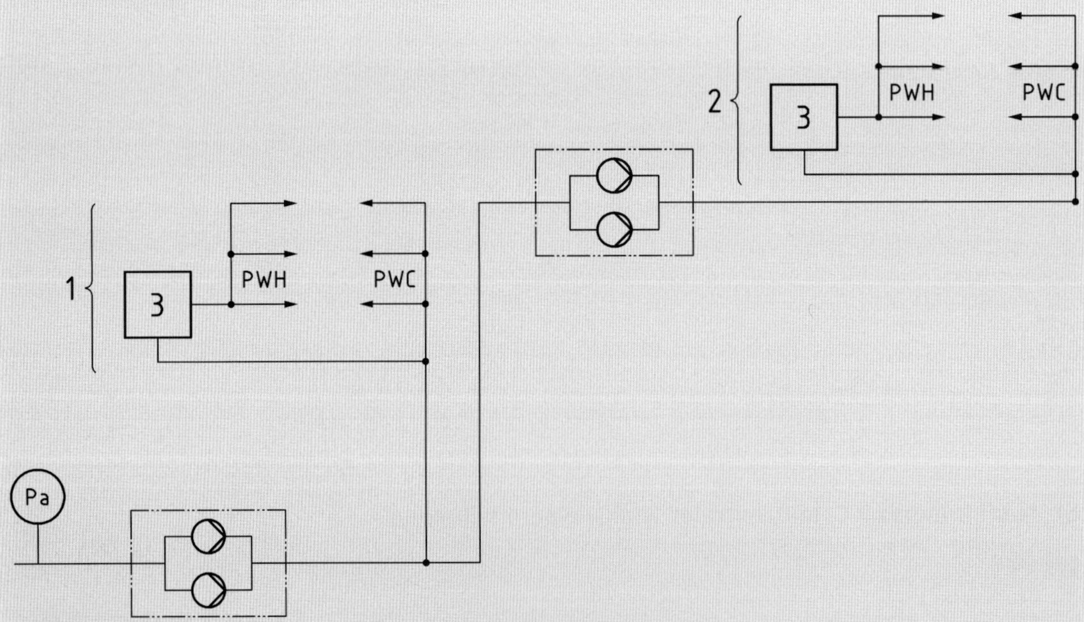

b) Ausführungsart D, mit zentraler Trinkwassererwärmung

Legende

1 Druckzone 1

2 Druckzone 2

3 Trinkwassererwärmer

Bild 7 — Ausführungsart D

Aus Gründen der Energieeinsparung ist es sinnvoll, eine Trinkwasser-Installation in unterschiedliche Druckzonen einzuteilen.

Nur die Bereiche der Trinkwasser-Installation, die mit dem Mindest-Versorgungsdruck nicht ständig versorgt werden können, sollten an Druckerhöhungsanlagen angeschlossen werden.

Aufgabe der Planung ist es, für das jeweilige Gebäude die wirtschaftlich und energetisch günstigste Einteilung in Druckzonen und die Wahl entsprechend geeigneter Aufstellungsorte (siehe Kapitel 4.10.9) für die Druckerhöhungsanlagen festzulegen.

Maximale Höhendifferenz einer Druckstufe

Die maximal zulässige Höhenausdehnung einer Druckzone Δh_{max}, kann auf der Grundlage der Bernoulli-Gleichung zwischen dem Druckstutzen der DEA (1) und der hydraulisch günstigsten (2) bzw. ungünstigsten Entnahmearmatur (3) ermittelt werden.

Der Einschaltdruck P_{Ein} der DEA muss den Mindestfließdruck $P_{min\,FL}$ an der hydraulisch ungünstigsten Entnahmearmatur (3) sicherstellen. Die Bernoulli-Gleichung zwischen den Punkten (1) und (3) liefert die Berechnungsvorschrift für den erforderlichen Einschaltdruck der DEA mit:

$$P_{Ein} = P_{min\,FL} + (h_3 - h_1) \cdot \rho \cdot g + \Sigma(l \cdot R + Z) + \Delta P_{AP} \qquad (12)$$

Mit Ausschalten der DEA (keine Wasserentnahme) darf der statische Druck an der hydraulisch günstigsten Entnahmearmatur aus Schallschutzgründen 0,5 MPa nicht überschreiten. Die Bernoulli-Gleichung liefert zwischen den Punkten (1) und (2) in diesem Fall den Ausschaltdruck der DEA mit:

$$P_{Aus} = P_{Ruhe} + (h_2 - h_1) \cdot \rho \cdot g \qquad (13)$$

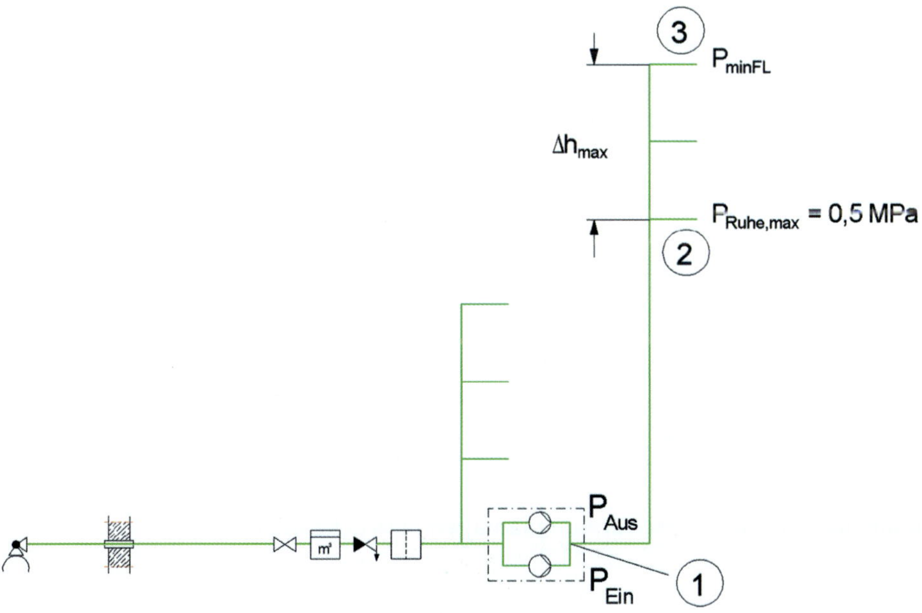

Bild 27: Bezeichnungen

Aus den Ergebnissen wird die Schaltdruckdifferenz der DEA mit (P_{Aus} – P_{Ein}) gebildet, kann die Höhenausdehnung einer Druckzone rechnerisch ermittelt werden (Gleichung (13)). Die maximal zulässige Höhenausdehnung Δh_{max} liefert Gleichung (14), wenn der Ruhedruck mit 0,5 MPa berücksichtigt wird.

$$(h_3 - h_2) = \Delta h_{max} = \frac{P_{Ruhe} - P_{min FL} - \Sigma(l \cdot R + Z) - \Delta P_{AP} - (P_{Aus} - P_{Ein})}{\rho \cdot g} \quad (14)$$

Die Höhenausdehnung einer Druckzone kann relativ groß werden, wenn Entnahmearmaturen mit geringer Fließdruckanforderung verwendet werden sowie die Druckverluste in Apparaten, z. B. im Wohnungs-Wasserzähler, und die Druckverluste im nachgeschalteten Rohrnetz gering sind.

Bei Verwendung von drehzahlgesteuerten Druckerhöhungsanlagen kann die Schaltdruckdifferenz der DEA vernachlässigt werden, da durch die Drehzahlanpassung keine nennenswerten Schaltdruckdifferenzen auftreten.

Berechnungsbeispiel

Es soll die maximal zulässige Höhenausdehnung einer Druckzone Δh_{max} bei Einsatz einer drehzahlgesteuerten Druckerhöhungsanlage ermittelt werden. Der Ruhedruck soll an der hydraulisch günstigsten Entnahmearmatur maximal $P_{Ruhe} = 0,5$ MPa betragen.

In der Rohrnetzberechnung sollen folgende Werte im Fließweg zwischen h_2 und h_3 nicht überschritten werden:

$P_{min\,FL}$ = Mindestfließdruck an der hydraulisch ungünstigen Entnahmestelle = 0,07 MPa

$\Sigma (l \cdot R + Z)$ = Summe der Druckverluste aus Rohrreibung und Einzelwiderständen = 0,09 MPa

ΔP_{AP} = Druckverluste eventueller Apparate = 0,0 MPa

$(P_{Aus} - P_{Ein})$ = Schaltdruckdifferenz = 0,0 MPa

Die Anwendung der Gleichung (14) liefert

$$\Delta h_{max} = \frac{0,5 - 0,08 - 0,09 - 0,0 - 0,0}{0,01} = 33\,\text{m}$$

Die maximal zulässige Höhenausdehnung der Druckzone beträgt bei Einsatz einer drehzahlgesteuerten Druckerhöhungsanlage Δh_{max} = 33 m. Bei einer Geschosshöhe von 3 m kann die Druckzone maximal 11 Geschosse umfassen.

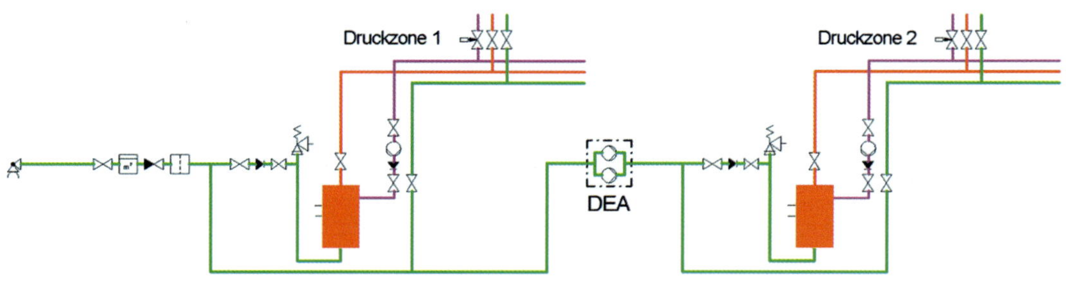

Bild 28: Anordnung der Trinkwassererwärmungsanlagen in Druckzonen

Bei zentraler Warmwasserversorgung mit Zirkulation muss in jeder Druckzone jeweils eine Trinkwassererwärmungsanlage vorgesehen werden (Bild 28).

Andere Lösungen führen u. U. zu großen Fließdruckunterschieden zwischen den Kalt- und Warmwasseranschlüssen von Mischarmaturen. Die Gebrauchstauglichkeit wird dadurch infrage gestellt, da eine konstante Mischtemperatur in der Regel nicht mehr eingestellt werden kann.

Zirkulationssysteme, die über mehrere Druckstufen geführt werden, können wegen der Druckverhältnisse nicht mehr hydraulisch abgeglichen werden. Es muss erwartet werden, dass in ganzen Druckzonen keine Zirkulation stattfindet. Die Sicherstellung von Temperaturen oberhalb von 55 °C ist dann in weiten Bereichen des Zirkulationssystems nicht mehr möglich.

Anmerkung zur Ausführungsart C:

Bei der Notwendigkeit der Ausbildung mehrerer Druckzonen (Bild 6a und Bild 6b – Ausführungsart C) kann es in Einzelfällen nötig sein, Druckminderer innerhalb einer Druckzone einzusetzen, um sicherzustellen, dass der Ruhedruck an keiner Entnahmestelle 0,50 MPa übersteigt. Die Leitungsbereiche hinter Druckminderventilen sind gegen unzulässigen Überdruck abzusichern (z. B. mit Sicherheitsventilen).

4.9 Anschlussarten

4.9.1 Allgemeines

Druckerhöhungsanlagen können unmittelbar oder mittelbar angeschlossen werden.

Aus trinkwasserhygienischen und energetischen Gründen muss der unmittelbare Anschluss dem mittelbaren Anschluss vorgezogen werden.

Grundsätzlich wird der Anschluss einer Druckerhöhungsanlage an die Trinkwasser-Installation in „unmittelbar“ oder „mittelbar“ unterschieden. Bei unmittelbarem Anschluss erfolgt die Verbindung der DEA direkt an die Versorgungsleitung. Bei mittelbarem Anschluss wird ein atmosphärisch verbundener Vorbehälter dazwischengeschaltet.

Auf Vor- und Nachdruckbehälter, die noch in DIN 1988-5 beschrieben werden, kann bei Einsatz von Druckerhöhungsanlagen mit drehzahlgesteuerten Pumpen verzichtet werden. Lediglich Schaltdruckgefäße auf der Druckseite der DEA finden noch Anwendung.

Werden Behälter eingesetzt, ist aufgrund des atmosphärischen Kontaktes ein erhöhtes Risiko der Verunreinigung des Wassers gegeben (siehe 4.9.3). Hierdurch wird ein höherer Aufwand in Wartung und Betrieb zur Einhaltung der Trinkwasserhygiene notwendig.

Kriterien für die Festlegung der erforderlichen Anschlussart

Für die Festlegung der erforderlichen Anschlussart spielen neben den hygienischen und hydraulischen Aspekten auch wirtschaftliche Betrachtungen eine Rolle. Der „mittelbare Anschluss“ erfordert neben einer trinkwasserhygienischen Risikobewertung eine regelmäßige Überwachung der Wasserqualität bezogen auf die nachgeschaltete Trinkwasser-Installation. Die notwendigen regelmäßigen Maßnahmen erstrecken sich über den gesamten Lebenszyklus der Trinkwasser-Installation. Diese Aufwendungen entfallen bei fachgerechter Wahl des „unmittelbaren Anschlusses“.

Bei den rechnerischen Nachweisen zur Ermittlung der maximalen Fließgeschwindigkeit in der Anschlussleitung sind bei der Berechnung des Spitzenvolumenstroms auch die Verbraucher vor der DEA zu berücksichtigen.

Tabelle 8: Entscheidungskriterien zur Festlegung der Anschlussart

Kriterium	unmittelbarer Anschluss	mittelbarer Anschluss
Fließdruck am Eingangsstutzen der DEA $p_{FL,vor}$	> 0,1 MPa	< 0,1 MPa
Wasserversorger kann den Spitzendurchfluss Q_D nicht zur Verfügung stellen	nein	ja Vorbehälter mit Mengenausgleich
Fließgeschwindigkeit *v* in der Anschlussleitung bei Spitzendurchfluss für das Gesamtgebäude $Q_{D\ Gesamt}$	< 2 m/s	nur in Bestandsanlagen, wenn die Erhöhung der Nennweite der Anschluss- bzw. Zuleitung u. a. wirtschaftlich nicht möglich ist
Absenkung des Ruhedrucks (SP) in der Anschlussleitung mit Einschalten einer DEA-Pumpe	$P_{FL,vor}$ nicht unter 0,1 MPa und nicht unter 50 %	wenn nebenstehende Kriterien nicht erfüllt werden
Fließgeschwindigkeitsänderung in der Anschlussleitung mit Ausschalten aller DEA-Pumpen (Stromausfall) $\Delta \upsilon$	< 2 m/s	nur in Bestandsanlagen, wenn die Erhöhung der Nennweite der Anschluss- bzw. Zuleitung u. a. wirtschaftlich nicht möglich ist
Druckanstieg in Anschlussleitung mit Abschalten aller DEA-Pumpen bei Spitzenvolumenstrom Q_D	< 0,1 MPa	wenn nebenstehende Kriterien nicht erfüllt werden
Zusammenführung von Trinkwasser aus der öffentlichen Wasserversorgung mit Trinkwasser aus einer Eigenwasserversorgungsanlage	unzulässig	ja (zwingend erforderlich)
mögliche hygienische Beeinflussung des Trinkwassernetzes bei Bestandsanlagen	unzulässig	ja (als Interimslösung)
Möglichkeit des Kontakts des Trinkwassers mit anderen Stoffen	unzulässig	ja (Klärung des Gefährdungsrisikos erforderlich, siehe Kapitel 4.9.3)

Im Nachfolgenden werden zwei Beispiele aufgezeigt, unter welchen rechnerischen Bedingungen ein unmittelbarer oder ein mittelbarer Anschluss auszuführen sind. Grundsätzlich ist zuerst zu prüfen, inwieweit die planerischen Gegebenheiten den bevorzugten unmittelbaren Anschluss einer Druckerhöhungsanlage zulassen oder nicht.

Beispiel 1: Unmittelbarer Anschluss

Tabelle 9: Nachweis der Fließgeschwindigkeiten bzw. Änderung der Fließgeschwindigkeiten in einer Anschlussleitung DN 65 (Innendurchmesser 72,1 mm) zu Druckzone 1+2 sowie DN 50 (Innendurchmesser 56,3 mm) zur Druckzone 2

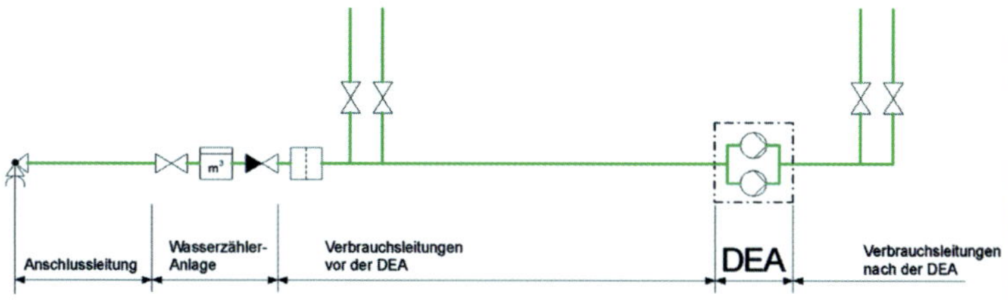 Anschlussleitung – Wasserzähler-Anlage – Verbrauchsleitungen vor der DEA – DEA – Verbrauchsleitungen nach der DEA		**Fließgeschwindigkeit bzw. Änderung der Fließgeschwindigkeit in der Anschluss- bzw. Zuleitung**		
		$\Delta \upsilon$	υ	**Grenzwert**
Druckzone 1	3,0 l/s / 10,8 m³/h		0,74 m/s → DN 65	2,00 m/s
Druckzone 2	2,5 l/s / 9,0 m³/h		1,00 m/s → DN 50 0,61 m/s → DN 65	2,00 m/s
Spitzenvolumenstrom	5,5 l/s / 19,8 m³/h		1,35 m/s → DN 65	2,00 m/s
Druckzone 2: Zu- und Abschalten einer Pumpe im bestimmungsgemäßen Betrieb	keine nennenswerte druckschlagerzeugende Änderung des Volumenstroms bzw. der Fließgeschwindigkeit			–
alle Pumpen schalten ab (z. B. Stromausfall)	2,5 l/s / 9,0 m³/h	1,00 m/s → DN 50 0,61 m/s → DN 65		2,00 m/s

Beispiel 2: Mittelbarer Anschluss

Tabelle 10: Nachweis der Fließgeschwindigkeiten bzw. Änderung der Fließgeschwindigkeiten in einer Anschlussleitung DN 65 (Innendurchmesser 72,1 mm) zu Druckzone 1+2 sowie DN 50 (Innendurchmesser 56,3) zur Druckzone 2

<table>
<tr><td colspan="2" rowspan="2">Druckzone 1 Q_D = 3,0 l/s
Druckzone 2 Q_D = 2,5 l/s
DN 65 / 5,5 l/s
m³</td><td colspan="3">Fließgeschwindigkeit bzw. Änderung der Fließgeschwindigkeit in der Anschluss- bzw. Zuleitung</td></tr>
<tr><td>Δv</td><td>v</td><td>Grenzwert</td></tr>
<tr><td>Druckzone 1</td><td>3,0 l/s / 10,8 m³/h</td><td></td><td>0,74 m/s → DN 65</td><td>2,00 m/s</td></tr>
<tr><td>Druckzone 2</td><td>2,5 l/s / 9,0 m³/h</td><td></td><td>1,00 m/s → DN 50
0,61 m/s → DN 65</td><td>2,00 m/s</td></tr>
<tr><td>Druckzone 2, schwankende Entnahmen: Die Zulaufarmatur ist so ausgeführt, dass die nachgespeiste Zulaufmenge den Spitzenvolumenstrom nicht überschreitet (Durchfluss abhängig von Wasserstand und Versorgungsdruck)</td><td>2,5 l/s / 9,0 m³/h</td><td></td><td>max.
1,00 m/s → DN 50
max.
0,61 m/s → DN 65</td><td>2,00 m/s</td></tr>
<tr><td>Druckzone 2, schwankende Entnahmen: Die Zulaufarmatur ist so ausgeführt, dass die nachgespeiste Zulaufmenge weit mehr als dem Spitzenvolumenstrom entspricht (volle Öffnung unabhängig von Wasserstand und Vordruck)</td><td>12 l/s / 30,0 m³/h (beispielhafte Durchflussrate eines 2“-Ventils bei 3 bar Fließdruck)</td><td></td><td>3,35 m/s → DN 50
2,04 m/s → DN 65</td><td>2,00 m/s</td></tr>
<tr><td>Druckzone 2: Zu- und Abschalten einer Pumpe im bestimmungsgemäßen Betrieb</td><td colspan="4">druckschlagerzeugende Änderung des Volumenstroms bzw. der Fließgeschwindigkeit in der Anschluss- bzw. Zuleitung wird durch die Ausführung der Zulaufarmatur bestimmt</td></tr>
<tr><td>alle Pumpen schalten ab (z. B. Stromausfall)</td><td colspan="4">druckschlagerzeugende Änderung des Volumenstroms bzw. der Fließgeschwindigkeit in der Anschluss- bzw. Zuleitung wird durch die Ausführung der Zulaufarmatur bestimmt</td></tr>
</table>

Im Beispiel 2 „mittelbarer Anschluss“ (Tabelle 10) werden die Grenzwerte für die Fließgeschwindigkeit abhängig von der Ausführung der Zulaufarmatur überschritten. Bei der Wahl der Zulaufarmatur ist darauf zu achten, dass bei maximalem Versorgungsdruck keine unzulässigen Fließgeschwindigkeiten und Druckstöße verursacht werden.

Selbst wenn der mittelbare Anschluss bereits planerisch vorgesehen ist, muss immer rechnerisch nachgewiesen werden, dass mit Auftreten des zu erwartenden Spitzenvolumenstroms und/oder maximalen Versorgungsdruckes die zulässige Fließgeschwindigkeit von 2 m/s in der Anschlussleitung eingehalten wird. Ist dieses nicht der Fall, muss entweder die Anschlussleitung vergrößert werden oder es muss ein Vorbehälter mit Ausgleichsfunktion eingesetzt werden (siehe auch Kapitel 4.10.4.1).

Kriterien und Besonderheiten zur Umsetzung einer Reihenschaltung

Bei der Wasserversorgung sehr hoher Gebäude ist es technisch schwierig und selten wirtschaftlich, alle erforderlich werdenden Druckzonen über Druckerhöhungsanlagen, die in einer Kellerzentrale aufgestellt sind, zu versorgen.

Die Entscheidung, ob eine Reihenschaltung eingesetzt werden sollte, muss über die wirtschaftlichen Faktoren ermittelt werden. Die Gründe liegen im Wesentlichen in der parallelen Leitungsführung und der erhöhten Pumpenleistung für die oberen Druckzonen, verbunden mit hohen Betriebsdrücken in den Hauptverteilungsleitungen. Diese Verhältnisse verursachen nicht nur erhöhte Betriebskosten für die Druckerhöhungsanlagen, sondern durch Überschreiten des Standard-Betriebsdrucks von 1 MPa auch zusätzliche Investitionskosten für Rohrleitungen, Verbindungen und Leitungsarmaturen mit höheren Nenndruckstufen.

Wirtschaftlichere Verhältnisse ergeben sich durch Reihenschaltung der erforderlichen Druckerhöhungsanlagen. Die Realisierung dieses Konzeptes setzt voraus, dass eine Aufstellung der Druckerhöhungsanlagen in Technikräumen bzw. in technischen Zwischengeschossen in der Höhenlage der jeweiligen Druckzone baulich möglich ist. Zur maximalen Ausdehnung einer Druckzone ohne den Einsatz von Druckminderventilen vor den Stockwerksinstallationen (ca. 30–35 m) siehe Kapitel 4.8.

Reihenschaltungen von Druckerhöhungsanlagen können technisch mit unmittelbaren oder mittelbaren Anschlüssen realisiert werden. Unmittelbar angeschlossene Druckerhöhungsanlagen sind bei einer Reihenschaltung zu bevorzugen.

Bei der Reihenschaltung von unmittelbar angeschlossenen Druckerhöhungsanlagen hat mit dem Hintergrund der addierenden Druckeffekte in jeder Druckzone immer eine rechnerische Prüfung auf zusätzliche Absicherung gegen einen unzulässigen Druckanstieg zu erfolgen.

Bei einer Reihenschaltung von Druckerhöhungsanlagen hat der mittelbare Anschluss hydraulische Vorteile, da es durch die zonenweise Entkopplung durch den jeweiligen Vorbehälter nur eine geringe Beeinflussung durch vor- und nachgeschaltete Verbraucher gibt. Zusätzlich kann bei mittelbar angeschlossenen Druckerhöhungsanlagen ggf. auf zusätzliche Absicherungen gegen einen unzulässigen Druckanstieg verzichtet werden, da mit Ausfall der Drehzahlsteuerung der Druckanstieg ΔP_{Q_0} bei der Fördermenge „0“ (gegen geschlossene Entnahmearmaturen) wesentlich geringer ist als bei einer Reihenschaltung mit unmittelbar angeschlossenen Druckerhöhungsanlagen. Leider überwiegen beim mittelbaren Anschluss die Nachteile (Aufwendungen zum Schutz der Trinkwasserhygiene aufgrund des zur Atmosphäre offenen Vorbehälters; zwingende Entwässerungsnotwendigkeit für den „freien Auslauf“ nach DIN EN 1717 des Vorbehälters; erhöhter Energiebedarf, da der Vordruck im Vorbehälter vernichtet wird) gegenüber dem hydraulischen Vorteil. Somit ist bei einer Reihenschaltung von Druckerhöhungsanlagen der unmittelbare Anschluss aus ganzheitlicher Sicht zu bevorzugen.

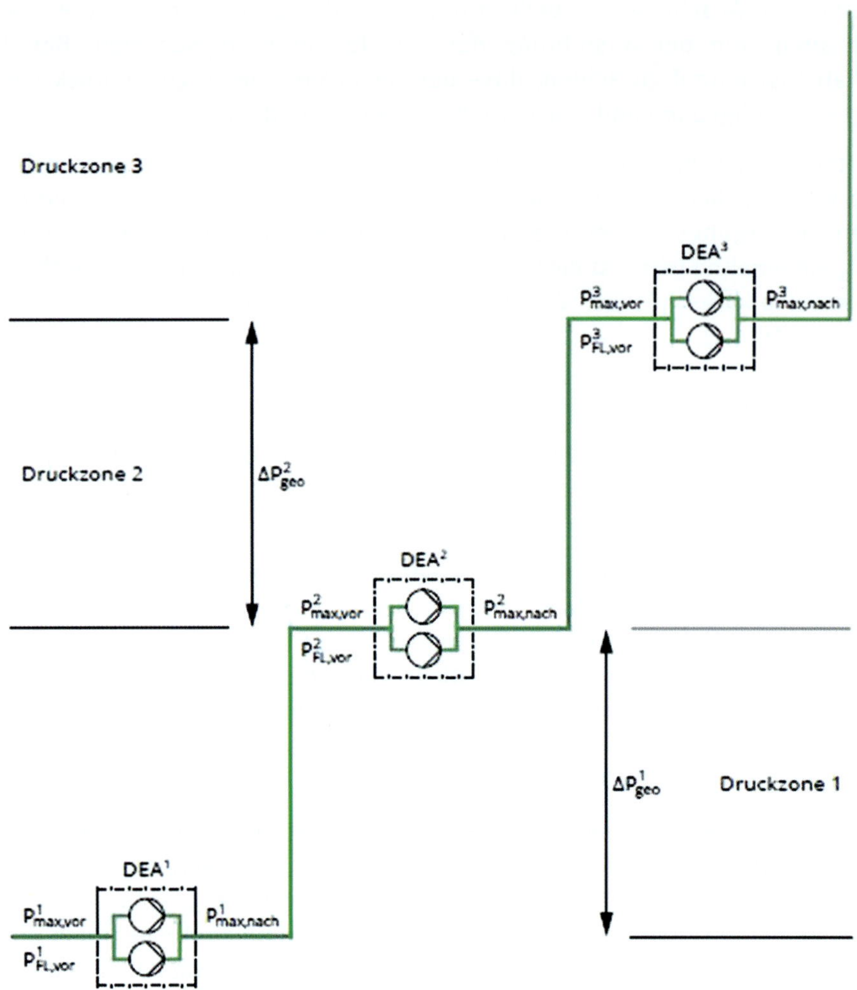

Bild 29: Reihenschaltung von unmittelbar angeschlossenen drehzahlgesteuerten Druckerhöhungsanlagen

Beispielrechnung auf zusätzliche Absicherung gegen unzulässigen Druckanstieg (Bild 29)

Gegebene Werte:

$P^1_{max,vor}$: maximaler statischer Druck vor der Druckerhöhungsanlage der Druckzone 1 (DEA^1): 0,4 MPa

$\Delta P^{1,2,3}_{geo}$: geodätischer Höhenunterschied jeweils zwischen Aufstellort Druckerhöhungsanlage 1, Druckerhöhungsanlage 2 und Druckerhöhungsanlage 3: 0,294 MPa

$\Delta P^{1,2,3}_{Q_0}$: Förderhöhe bei $Q = 0$ bei den Druckerhöhungsanlagen (Nullförderhöhe) der Druckzonen 1, 2 und 3: 0,65 MPa Druckanstieg bei Störung

Bei Störfällen kann der Druckanstieg hinter der Druckerhöhungsanlage spürbar höher liegen als der eigentliche Fließdruck direkt hinter der Druckerhöhungsanlage. Dieses kann z. B. dadurch erfolgen, dass die Pumpe durch eine Fehlfunktion ihre Nullförderhöhe erreicht ($\Delta P^{1,2,3}_{Q_0}$) und ggf. der maximal statische Druck vor der Druckerhöhungsanlage erreicht wird ($P^{1,2,3}_{max,vor}$).

Für die **Druckzone 1** kann der maximale Druckanstieg mit folgender Gleichung 15 ermittelt werden:

$$P^1_{\text{max,nach}} = P^1_{\text{max,vor}} + \Delta P^1_{Q_0} = 0{,}4\,\text{MPa} + 0{,}65\,\text{MPa} = 1{,}05\,\text{MPa} \quad (15)$$

$P^1_{\text{max,nach}}$: maximaler statischer Druck direkt hinter der Druckerhöhungsanlage der Druckzone 1 (DEA^1)

$P^1_{\text{max,vor}}$: maximaler statischer Druck vor der Druckerhöhungsanlage der Druckzone 1 (DEA^1)

$\Delta P^1_{Q_0}$: Förderhöhe bei $Q = 0$ bei der Druckerhöhungsanlage (Nullförderhöhe) der Druckzone 1 (DEA^1)

Somit kann der zulässige Betriebsdruck in der Trinkwasser-Installation (1 MPa) für Apparate, Absperr- und Entnahmearmaturen im Störfall nicht eingehalten werden. Die Bereiche hinter der Druckerhöhungsanlage 1 sind gegen den unzulässigen Druckanstieg abzusichern (z. B. mit Sicherheitsventilen). Durch die Absicherung ergibt sich ein maximal statischer Druck in der Druckzone 1 ($P^1_{\text{max,nach}}$) von 1,0 MPa. Dieser Wert gilt als Berechnungsgrundlage für Druckzone 2.

Für die **Druckzone 2** kann der maximale Druckanstieg mit folgender Gleichung (16) ermittelt werden:

$$P^2_{\text{max,nach}} = P^2_{\text{max,vor}} + \Delta P^2_{Q_0} = 0{,}706\,\text{MPa} + 0{,}65\,\text{MPa} = 1{,}356\,\text{MPa} \quad (16)$$

$P^2_{\text{max,nach}}$: maximaler statischer Druck direkt hinter der Druckerhöhungsanlage der Druckzone 2 (DEA^2)

$P^2_{\text{max,vor}}$: maximaler statischer Druck vor der Druckerhöhungsanlage der Druckzone 2 (DEA^2)

$\Delta P^2_{Q_0}$: Förderhöhe bei $Q = 0$ bei der Druckerhöhungsanlage (Nullförderhöhe) der Druckzone 2 (DEA^2)

Wobei sich der maximale statische Druck ($P^2_{\text{max,vor}}$) vor der Druckerhöhungsanlage der Druckzone 2 (DEA^2) aus folgender Gleichung (17) ergibt:

$$P^2_{\text{max,vor}} = P^1_{\text{max,nach}} - \Delta P^1_{\text{geo}} = 1{,}0\,\text{MPa} - 0{,}294\,\text{MPa} = 0{,}706\,\text{MPa} \quad (17)$$

$P^1_{\text{max,nach}}$: maximaler statischer Druck direkt hinter der Druckerhöhungsanlage der Druckzone 1 (DEA^1)

ΔP^1_{geo}: geodätischer Höhenunterschied zwischen Aufstellort Druckerhöhungsanlage 1 (DEA^1) und Druckerhöhungsanlage 2 (DEA^2): 0,294 MPa

Somit kann der zulässige Betriebsdruck in der Trinkwasser-Installation (1 MPa) für Apparate, Absperr- und Entnahmearmaturen im Störfall nicht eingehalten werden. Die Bereiche hinter der Druckerhöhungsanlage 2 sind gegen den unzulässigen Druckanstieg abzusichern (z. B. mit Sicherheitsventilen). Durch die Absicherung ergibt sich ein maximal statischer Druck in der Druckzone 2 ($P^2_{\text{max,nach}}$) von 1,0 MPa. Dieser Wert gilt als Berechnungsgrundlage für Druckzone 3.

Für die **Druckzone 3** kann der maximale Druckanstieg mit folgender Gleichung (18) ermittelt werden:

$$P^3_{\text{max,nach}} = P^3_{\text{max,vor}} + \Delta P^3_{Q_0} = 0{,}706\ \text{MPa} + 0{,}65\ \text{MPa} = 1{,}356\ \text{MPa} \tag{18}$$

$P^3_{\text{max,nach}}$: maximaler statischer Druck direkt hinter der Druckerhöhungsanlage der Druckzone 3 (DEA^3)

$P^3_{\text{max,vor}}$: maximaler statischer Druck vor der Druckerhöhungsanlage der Druckzone 3 (DEA^3)

$\Delta P^3_{Q_0}$: Förderhöhe bei Q = 0 bei der Druckerhöhungsanlage (Nullförderhöhe) der Druckzone 3 (DEA^3)

Wobei sich der maximale statische Druck ($P^3_{\text{max,vor}}$) vor der Druckerhöhungsanlage der Druckzone 3 (DEA^3)

aus folgender Gleichung (19) ergibt:

$$P^3_{\text{max,vor}} = P^2_{\text{max,nach}} - \Delta P^2_{\text{geo}} = 1{,}0\ \text{MPa} - 0{,}294\ \text{MPa} = 0{,}706\ \text{MPa} \tag{19}$$

$P^2_{\text{max,nach}}$: maximaler statischer Druck direkt hinter der Druckerhöhungsanlage der Druckzone 2 (DEA^2)

ΔP^2_{geo}: geodätischer Höhenunterschied zwischen Aufstellort Druckerhöhungsanlage 2 (DEA^2) und Druckerhöhungsanlage 3 (DEA^3): 0,294 MPa

Somit kann der zulässige Betriebsdruck in der Trinkwasser-Installation (1 MPa) für Apparate, Absperr- und Entnahmearmaturen im Störfall nicht eingehalten werden. Die Bereiche hinter der Druckerhöhungsanlage 3 sind gegen den unzulässigen Druckanstieg abzusichern (z. B. mit Sicherheitsventilen). Durch die Absicherung ergibt sich ein maximaler statischer Druck in der Druckzone 3 ($\Delta P^3_{\text{max,nach}}$) von 1,0 MPa. Dieser Wert gilt als Berechnungsgrundlage für eine mögliche weitere nachgeschaltete Druckzone.

Für die Ermittlung der Förderdrücke der jeweils vorgeschalteten Druckerhöhungsanlage kann ein Fließdruck bei Spitzendurchfluss Q_D am Eingang der Druckerhöhungsanlage von 0,15 MPa angesetzt werden.

Hinweis

Nach DIN 1988-300 entspricht $\dot{V}_S$ dem Spitzendurchfluss Q_D aus DIN 1988-500.

Ermittlung des Förderstroms bei einer Reihenschaltung von Druckerhöhungsanlagen

Die Förderströme der Druckerhöhungsanlagen (Q_P) sind jeweils über die Berechnung des Spitzenvolumenstromes (Q_D) aus der Summe der Berechnungsvolumenströme (ΣQ_R) nach DIN 1988-300 zu ermitteln (Bild 30). Insbesondere die in der DIN 1988-300 beschriebenen Ausnahmen zur Ermittlung des Spitzenvolumenstromes sind, mit dem Hintergrund der Nutzungsvielfalt der Gebäudetypen und der damit verbundenen möglichen Anpassung der Gleichzeitigkeit der Wasserentnahme, zu beachten.

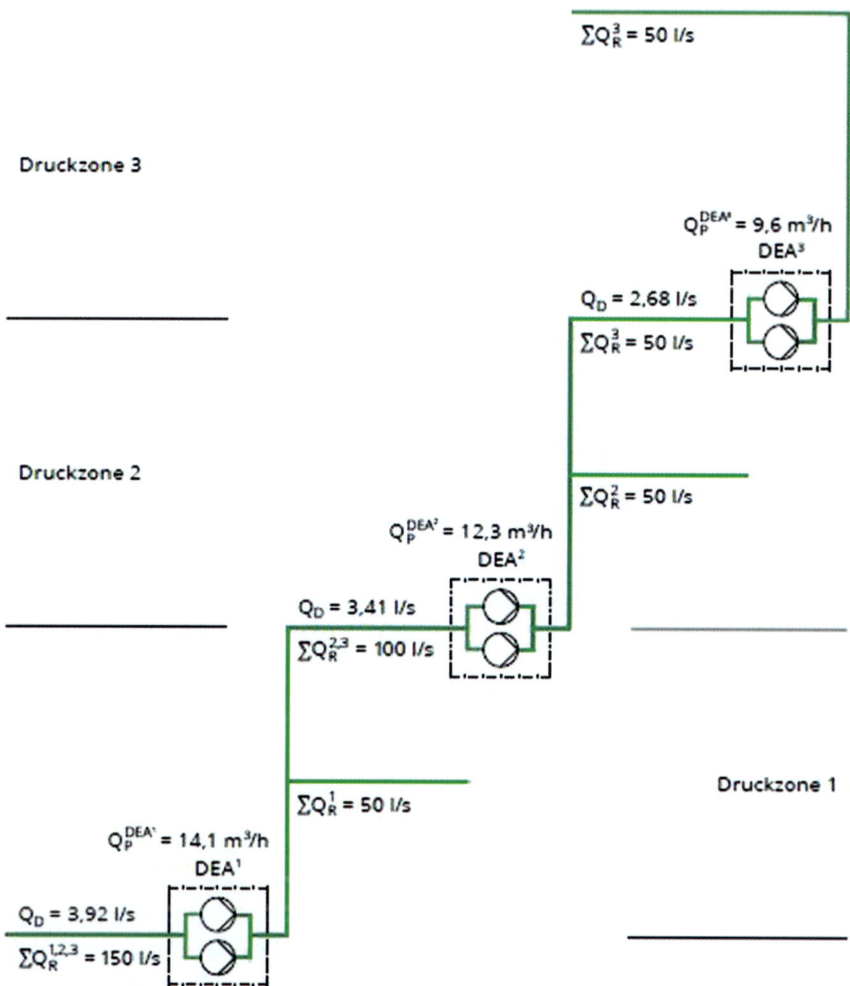

Bild 30: Ermittlung des Spitzendurchflusses (des Förderstromes) (Annahme Gebäudetyp: Verwaltungsgebäude)

4.9.2 Unmittelbarer Anschluss

Der unmittelbare Anschluss ist der direkte Einbau der Druckerhöhungsanlage in die Verbrauchsleitung ohne Medienkontakt zur Atmosphäre.

Durch die Verwendung des anstehenden Versorgungsdruckes ist eine geringere Erhöhung des Druckes und damit geringere Antriebsenergie erforderlich um auf den Ausgangsdruck zu regeln.

Der unmittelbare Anschluss ist die direkte Verbindung der Druckerhöhungsanlage mit der von der Versorgungsleitung abzweigenden Anschlussleitung ohne Medienkontakt zur Atmosphäre.

Da bei dem hier vorliegenden geschlossenen System eine hygienische Beeinträchtigung des Trinkwassers von außen nicht zu befürchten ist, ist der unmittelbare Anschluss dem mittelbaren Anschluss vorzuziehen.

Der Förderdruck der DEA (Gleichung (8)) ist bei einem unmittelbaren Anschluss um den verbleibenden Fließdruck vor der Druckerhöhungsanlage $P_{FL,vor}$ geringer als bei einem mittelbaren Anschluss und deshalb energetisch günstiger (Gleichung (9)).

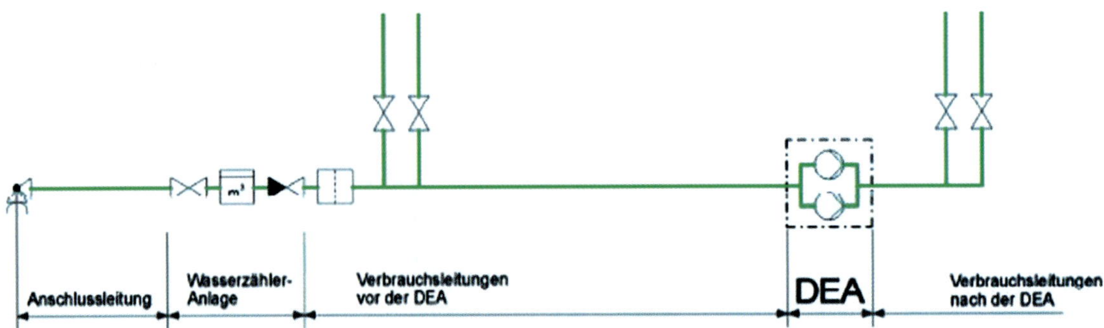

Bild 31: Unmittelbarer Anschluss einer DEA

4.9.3 Mittelbarer Anschluss

Beim mittelbaren Anschluss muss den Druckerhöhungspumpen ein offener Vorbehälter „offen zur Atmosphäre“ mit freiem Auslauf unter regelmäßiger Überwachung der Wasserqualität vorgeschaltet werden. Umfang und Intervall der Überwachungsmaßnahmen müssen im Rahmen einer trinkwasserhygienischen Risikobewertung, in der Planungs- und Ausführungsphase sowie im Betrieb festgelegt werden.

Der mittelbare Anschluss ist im Betrieb bezüglich der Einhaltung der Trinkwasserhygiene insbesondere der mikrobiologischen Anforderungen zu überwachen.

Durch den freien Auslauf mit Kontakt zur Atmosphäre wird die Energie des Versorgungsdrucks vernichtet. Eine nachgeschaltete Pumpe entnimmt aus dem Vorbehälter das Wasser und regelt dies auf den eingestellten Ausgangsdruck.

Der mittelbare Anschluss kann erforderlich werden, wenn z. B.

- der Wasserversorger den mittelbaren Anschluss vorschreibt aufgrund Mindest-Versorgungsdruck *SPLN* < 0,1 MPa,
- eine kurzzeitige höhere Entnahme abzudecken ist (Vorrat) oder
- eine Systemtrennung erforderlich ist, z. B. bei einer vorliegenden Gefährdung an Entnahmestellen an denen Flüssigkeitskategorie 5 erzeugt werden könnte, die jedoch mit Wasser in Lebensmittelqualität versorgt werden müssen (siehe DIN 1988-100).

Der mittelbare Anschluss stellt eine Systemtrennung zwischen der DEA und der Versorgungsleitung dar. Die Trennung wird über einen zur Atmosphäre offenen Behälter realisiert, der mit der Atmosphäre ständig in Verbindung steht. Der Zulauf findet über eine oder mehrere wasserstandsabhängig gesteuerte Armaturen statt (Bild 32).

Die Trinkwasserzuleitung am Behälter muss über die Sicherungseinrichtung „Freier Auslauf AB" vom nachgeschalteten Versorgungsnetz hydraulisch abgekoppelt werden. Der „Freie Auslauf AB" ist aufgrund des Medienkontaktes zur Atmosphäre notwendig (Bildung erhöhter Mikrobiologie aufgrund des Kontaktes der Atmosphäre zur Oberfläche / zum Wasser).

Mit der Sicherungseinrichtung AB werden vorgeschaltete Wasserversorgungsgebiete vor Trinkwasserverunreinigungen durch Rückfließen geschützt. Somit führt der durch die Verwendung des mittelbaren Anschlusses erforderliche, „Freie Auslauf" aber auch zur Erhöhung des Risikos der hygienischen Verunreinigung der nachgeschalteten Trinkwasser-Installation. Daher ist die Wahl des mittelbaren Anschlusses als letztes Mittel in Betracht zu ziehen (siehe auch Kommentar zu Kapitel 4.7).

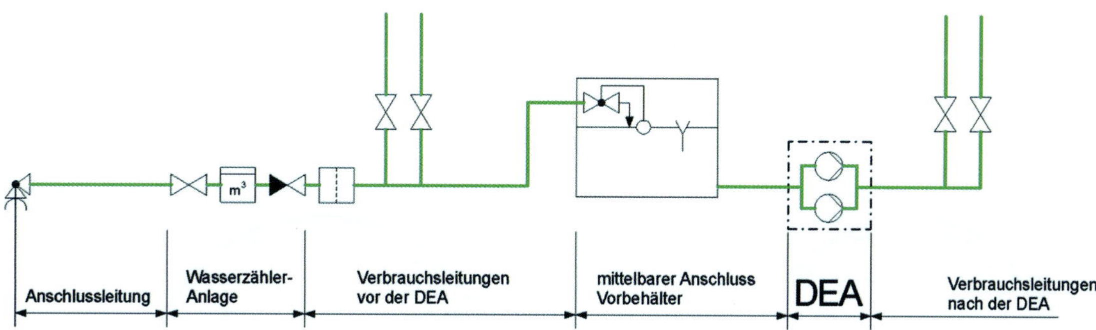

Bild 32: Mittelbarer Anschluss einer DEA

Für den Fall, dass nach dem Vorratsbehälter Trinkwasser gemäß Trinkwasserverordnung benötigt wird, ist eine Überwachung der Wasserqualität notwendig. Der Betreiber kann hier gezwungen sein, die Anforderungen an die Parameter aus der Trinkwasserverordnung hinsichtlich der geforderten Parameter durch Beprobung und Wasseraufbereitung wiederherzustellen.

Für den Fall, dass nach dem Vorratsbehälter ein Wasser der Flüssigkeitskategorie 5 erzeugt werden kann, jedoch weiterhin Wasser in Lebensmittelqualität benötigt wird (z. B.: Lebensmittelindustrie), kann der Betreiber gezwungen sein, die Anforderungen an die Wasserqualität an den Entnahmestellen im nachgeschalteten System durch Wasseraufbereitung und Beprobung erfüllen zu müssen.

Anwendungsfälle für den mittelbaren Anschluss

Der mittelbare Anschluss muss immer realisiert werden, wenn Trinkwässer aus der öffentlichen Wasserversorgung und aus einer Eigenwasserversorgung zusammengeführt werden sollen oder der Kontakt des Trinkwassers mit anderen Stoffen, z. B. in Gewerbebetrieben, nicht vollständig ausgeschlossen werden kann.

Falls der mittelbare Anschluss einer Druckerhöhungsanlage nicht aus trinkwasserhygienischen Gründen (Netztrennung) erfolgen muss (Tabelle 10), ist immer zuerst über eine differenziert durchgeführte hydraulische Berechnung zu prüfen, ob die Druckerhöhungsanlage nicht unmittelbar angeschlossen werden kann. Werden die Grenzwerte eingehalten (Tabelle 10), ist aus energetischer und hygienischer Sicht der unmittelbare Anschluss der DEA zu bevorzugen.

Der mittelbare Anschluss der Druckerhöhungsanlage mit dem Ziel der Systemtrennung muss u. a. realisiert werden, wenn die Schutzziele der Trinkwasserverordnung nicht sicher eingehalten werden können. Dieses ist besonders in Bestandsanlagen oder in Sanierungsfällen zu beachten, bei denen eine Beeinträchtigung der öffentlichen Trinkwasserversorgung oder von Teilbereichen der Hausinstallation durch unbekannte Leitungsführung nicht vollständig ausgeschlossen werden kann. Diese Vorgehensweise in Bestandsanlagen sollte immer nur eine Interimslösung darstellen, bis eine abschließende Lösung und Klärung nach Abarbeitung der Maßnahmen einer Gefährdungsanalyse erfolgt ist.

4.10 Anlagenteile

4.10.1 Druckmessung

Zur Überwachung des Druckes in verschiedenen Betriebszuständen muss unmittelbar hinter der Wasserzähleranlage ein Druckanzeigegerät, vorzugsweise mit Schleppzeiger, installiert werden.

Zur Kontrolle der Einhaltung der vorgeschriebenen Grenzwerte sollte in der Anschlussleitung ein Druckmessgerät eingebaut werden (33 a)). Mit einem geeigneten Manometer mit Schleppzeiger (33 b)) kann auch im Nachhinein festgestellt werden, ob z. B. der vom Wasserversorgungsunternehmen angegebene maximale Versorgungsdruck *SP* überschritten oder der Mindest-Versorgungsdruck *SPLN* unterschritten wurde.

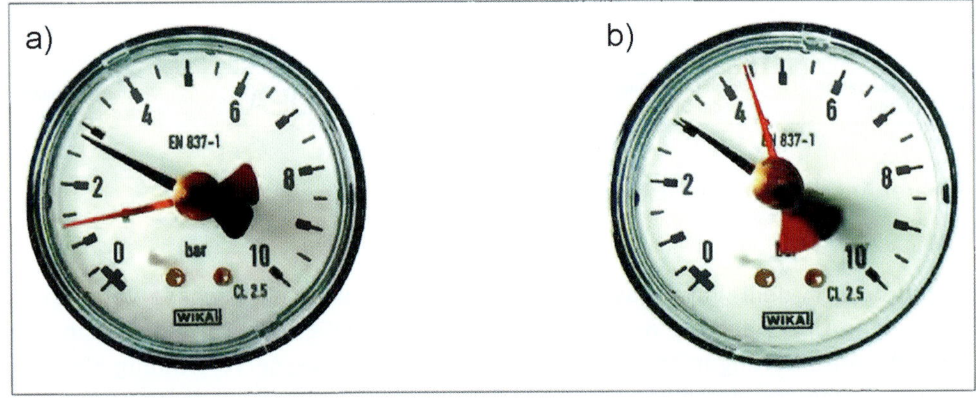

(Quelle: Werkbild: Wika)

Legende

a) Druckanzeigegerät (Zeiger schwarz)

b) Schleppzeiger (Zeiger rot)

Bild 33: Druckanzeigegerät mit Schleppzeiger

Bei der Ausführung „Schleppzeiger für Unterdruck" (Bild links) muss der Schleppzeiger bei Inbetriebnahme auf den Arbeitsdruck eingestellt werden. Bei Druckabfall nimmt der schwarze Zeiger den roten Schleppzeiger automatisch mit nach unten und bei „Schleppanzeiger für Überdruck" (Bild rechts) mit nach oben, bis zum maximalen Überdruck (Bild 33).

Zur besseren Ablesbarkeit empfiehlt sich ein Mindestdurchmesser von 63 mm.

Es kann auch eine elektronische Druckerfassung zur Überwachung erfolgen.

4.10.2 Druckminderer vor der Druckerhöhungsanlage

Übersteigt der aktuell anstehende Versorgungsdruck den in der Druckerhöhungsanlage eingestellten Ausgangsdruck schaltet die Druckerhöhungsanlage ab und wird voll durchströmt. Ein weiterer Druckanstieg wirkt sich auch auf das Leitungssystem hinter der Druckerhöhungsanlage aus. Dies kann zu Betriebsstörungen führen. Um diese Betriebsstörungen zu verhindern ist ein Druckminderer vor der Druckerhöhungsanlage zur Druckbegrenzung erforderlich.

Die normative Aussage bezieht sich ausschließlich auf den unmittelbaren Anschluss einer DEA.

Damit durch Druckminderer nicht unnötig Energie vernichtet wird, sollten möglichst keine Druckminderer vor Druckerhöhungsanlagen eingebaut werden.

Druckminderventile werden zwingend erforderlich, wenn der maximale Versorgungsdruck (*SP*) durch kurzzeitige oder saisonale Schwankungen größer wird als der maximale Nenndruck der DEA oder der notwendige Fließdruck am ausgangsseitigen Anschlussstutzen der DEA ($P_{FL,nach}$).

Übersteigt der Versorgungsdruck (SP) den voreingestellten Solldruck der DEA, schaltet sich diese komplett ab und trägt nicht zur Druckerhöhung bei.

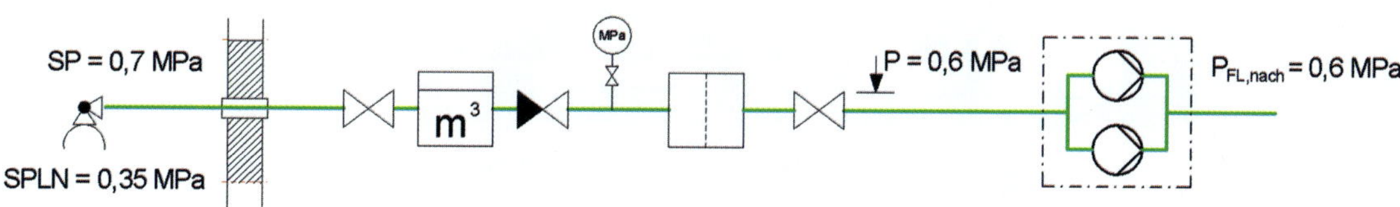

Bild 34: DEA mit vordruckseitigem Druckminderventil, da der maximale Versorgungsdruck (*SP*) kurzzeitig größer werden kann als $P_{FL,nach}$

Eine Betriebsstörung kann darin bestehen, dass der DEA nachgeschaltete Apparate oder Geräte abgeschaltet werden, da der eingangsseitige Druck das zulässige Druckniveau überschreitet.

4.10.3 Steuerdruckbehälter

Die Notwendigkeit und die Größe des Steuerdruckbehälters müssen vom Hersteller der Druckerhöhungsanlagen festgelegt werden.

Steuerdruckbehälter werden eingesetzt, um systembedingte kleinste Schwankungen, temperaturbedingte Volumenänderungen und Druckschwankungen zu kompensieren.

Steuerdruckbehälter sollten so klein wie möglich gewählt werden.

Die Druckbehälter müssen durchströmt sein und DIN 4807-5 entsprechen.

Zur Durchführung einer Wartung und Überprüfung des Gasvordruckes eines Druckbehälters muss eine Absperrarmatur mit Entleerungsmöglichkeit eingebaut werden.

Druckbehälter als Schaltdruckgefäße sind nicht erforderlich.

Die bekannten Druckbehälter nach Druckerhöhungsanlagen aus DIN 1988-5, Ausgabe 1988, sind bei drehzahlgesteuerten Druckerhöhungsanlagen technisch nicht mehr notwendig und finden folglich hier keine Anwendung.

Es werden lediglich sogenannte Steuerdruckbehälter eingesetzt, durch die Leckageverluste oder Volumenänderungen durch Temperaturschwankungen ausgeglichen werden.

Hierzu werden durchströmte Steuerdruckbehälter nach DIN 4807-5 (Bild 35) mit einem Inhalt ≤ 18 Liter Nennvolumen eingesetzt (Bild 36), die so klein, wie möglich gewählt werden, um eine Ansammlung von Keimen zu vermeiden.

Die Steuerdruckbehälter sind mit der Druckerhöhungsanlage jährlich zu warten, um das mit einem Fülldruck versehene Gaspolster aufrechtzuerhalten. Zur Durchführung einer Wartung und Überprüfung des Gasvordruckes eines Druckbehälters ist eine Absperrarmatur mit Entleerungsmöglichkeit einzubauen. Hierzu ist die Absperrarmatur abzusperren, der Entleerungshahn zu öffnen und das Gaspolster mit Stickstoff ca. 0,5 bar unterhalb des eingestellten Solldruckes vorzuspannen.

(Quelle: Werkbild: SPECK)

Bild 35: Druckerhöhungsanlage mit Steuerdruckbehälter

(Quelle: Werkbild: Reflex)

Bild 36: Steuerdruckbehälter für Trinkwasser inkl. Absperrarmatur (Reflex)

4.10.4 Vorbehälter

4.10.4.1 Allgemeines

Vorbehälter dienen zur Herstellung des mittelbaren Anschlusses. Zu den Anschlussarten siehe 4.9.

Ein atmosphärisch belüfteter Vorbehälter ist bei mittelbarem Anschluss einzusetzen.

Der Vorratsbehälter ist nach DIN EN 13077 eine Sicherungseinrichtung „Freier Auslauf Typ AB".

4.10.4.2 Nutzvolumen

Die Ermittlung des Volumens des atmosphärisch belüfteten Vorbehälters ist abhängig vom Mindest-Versorgungsdruck *SPLN* (3.1) und dem Durchmesser der Anschlussleitung und dem daraus resultierenden Volumenstrom eingangsseitig in den Vorbehälter, als auch den ausgangsseitig ermittelten Spitzendurchfluss Q_D der der Druckerhöhungsanlage nachgeschalteten Trinkwasser-Installation.

Bei der Berechnung des Nutzvolumens muss die Volumenstromdifferenz aus Volumenstrom eingangsseitig und Spitzendurchfluss Q_D ausgangsseitig betrachtet werden.

Ist der Volumenstrom eingangsseitig größer gleich dem Spitzendurchfluss Q_D, muss das minimal erforderliche Nutzvolumen nach der folgenden Gleichung (1) ermittelt werden:

$V_B \geq 0{,}03\ Q_D$ (1)

Dabei ist

V_B das Nutzvolumen, in m^3;

Q_D der Spitzendurchfluss, in m^3/h.

Das Nutzvolumen kann auch kleiner ausfallen, sofern die Betriebssicherheit durch einen Einzelnachweis belegt ist.

Ist der Volumenstrom eingangsseitig kleiner dem Spitzendurchfluss Q_D, muss die Ermittlung des Behältervolumens mit dem Summen-Linien-Verfahren durchgeführt werden.

Ein ausreichendes Nutzvolumen ist notwendig, um eine sichere Funktion der Pumpen zu ermöglich. Bei der Einspeisung des Trinkwassers über die Sicherungseinrichtung „Freier Auslauf" wird Luft in den Freistrahl eingetragen. Ersichtlich wird dieses, wenn bei Auftreffen des Wasserstrahls auf die Wasseroberfläche Luftblasen in der Wasservorlage enthalten sind. Wird das Nutzvolumen zu klein gewählt, ist eine Beruhigung des Wassers im Vorbehälter nicht möglich. Die Luftanteile können ggf. die Pumpe schädigen und auch zum Abreißen des Förderstroms führen.

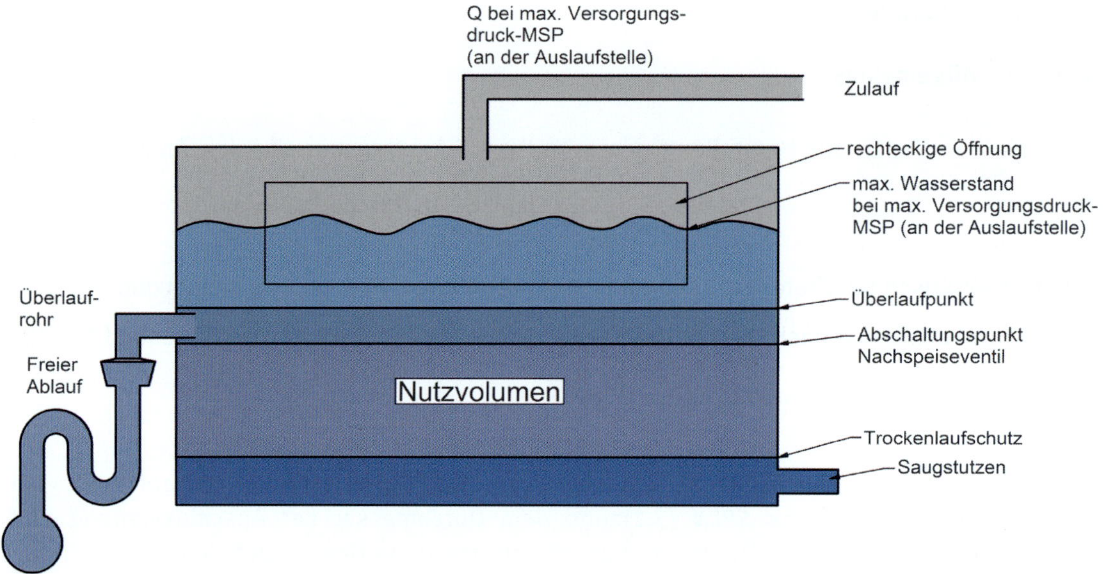

Bild 37: Darstellung Vorbehälter mit Freiem Auslauf und Nutzvolumen (Sicherungseinrichtung Freier Auslauf Family A Typ B nach DIN EN 13077)

Das Nutzvolumen eines Vorbehälters ist aus trinkwasserhygienischer Sicht so klein wie möglich zu wählen. Die Ermittlung des Behälterinhalts/Nutzvolumens ist unter Bewertung der Wasserlieferung durch das Versorgungsunternehmen und dem Wasserverbrauch in der Trinkwasser-Installation vorzunehmen. Ist das Versorgungsunternehmen in der Lage, den berechneten Spitzenvolumenstrom zu jedem Zeitpunkt abzudecken, kann der Nutzinhalt eines Vorbehälters mit folgender Zahlenwertgleichung ermittelt werden.

Nutzvolumen über Zahlenwertgleichung

Beispiel: Ein Spitzendurchfluss von $Q_D = 32$ m³/h wurde rechnerisch ermittelt.

Ergebnis: Nutzvolumen $V_B = 0{,}03 \cdot 32$ m³/h, $V_B = 0{,}96$ m³

Ein Vorbehälter mit einem Nutzvolumen von mindestens 960 Litern ist auszuwählen.

Der Einzelnachweis für einen kleineren Vorlagebehälter ist durch Fließnachweise vor Ort durch einen Sachverständigen oder auf einem Prüfstand durch ein Prüfinstitut zu erbringen. Hierbei ist besonders darauf zu achten, dass die Pumpen in Volumenstrom und Förderhöhe entsprechend ihrer Kennlinie stabil laufen und die Sicherungseinrichtung in ihrer Funktion nicht gestört wird.

Kann der Spitzendurchfluss Q_D nicht vollständig vom Wasserversorger zur Verfügung gestellt werden, ist die Differenz aus Bedarf und Bereitstellung über ein größeres Nutzvolumen des Vorbehälters auszugleichen. Für die Bestimmung des zusätzlichen Nutzvolumens wird das Summenlinien-Verfahren in Anlehnung an die Berechnung aus der Siedlungswasserwirtschaft verwendet.

Bemessung des Nutzinhalts eines Vorlagebehälters nach dem Summenlinienverfahren

Kann das Wasserversorgungsunternehmen den stündlichen Trinkwasser-Spitzenbedarf Q_{hmax} eines Gebäudes nicht sicherstellen, muss zusätzlich Trinkwasser in einem Vorbehälter zur Abdeckung der Bedarfsspitze gespeichert werden.

Beispiel zum Spitzenlastverfahren

Für ein Krankenhaus mit 600 Planbetten soll der Nutzinhalt eines Vorbehälters mit dem Spitzenlastverfahren ermittelt werden.

Stündlicher Spitzenbedarf Q_{hmax}

Für eine überschlägliche Ermittlung des erforderlichen Nutzinhalts eines Vorbehälters V_B in Verbindung mit einem mittleren Volumenstrom Q_{hV}, den das Versorgungsunternehmen zu jedem Betriebszeitpunkt sicherstellen kann, wird zunächst der zu erwartende stündliche Trinkwasser-Spitzenbedarf Q_{hmax} des zu versorgenden Gebäudes benötigt.

Ermittlung der erforderlichen spezifischen Verbrauchswerte (z. B. Verbrauch/Kopf oder Verbrauch/Bett oder Verbrauch/Tag)

Die Dimensionierung ergibt sich aus einem vorhandenen Nutzungsprofil oder Angaben aus einem bereits realisierten, vergleichbaren Objekt oder aus Befragungen mit den späteren Nutzern (siehe Vorgaben Raumbuch).

> Hinweis:
>
> Die Anwendbarkeit der nachfolgend aufgeführten Ermittlungsdaten sind für den jeweiligen Anwendungsfall kritisch zu prüfen. Sie beruhen auf der vorhandenen Datenlage der Fachliteratur und Normen.
>
> In der Praxis hat sich gezeigt, dass eine differenzierte Betrachtung häufig zu wesentlich geringeren Verbrauchszahlen führt.

Der Trinkwasser-Spitzenbedarf kann unter Verwendung des DVGW-Arbeitsblattes W 410[2] in Verbindung mit der VDI-Richtlinie 3807[3] unter Verwendung der Gleichung (20) ermittelt werden.

$$Q_{hmax} = f_h \cdot q_{dm} \cdot n_{BZ} \tag{20}$$

f_h: Stundenspitzenfaktor

q_{dm}: spezifischer mittlerer Tagesverbrauch pro Planbett

n_{BZ}: Anzahl der Planbetten

Für Krankenhäuser wird in der Literatur der mittlere Tagesverbrauch pro Planbett in einer Bandbreite von 0,130–1,200 $m^3/(\text{Bett} \cdot d)$ angegeben. Die große Schwankungsbreite erklärt sich maßgeblich durch die Größe und Aufgabenstellung des Krankenhauses, die technische Ausstattung und das Vorhandensein einer eigenen Küche, Wäscherei usw. In einer Wasserbedarfsprognose bis 2030 für das Versorgungsgebiet der Hamburger Wasserwerke[4] wird z. B. ein mittlerer Tageswasserbedarf für Krankenhäuser mit eigener Küche, aber ohne eigene Wäscherei, mit $q_{dm} = 105/365 = 0{,}287\ m^3/(\text{Bett} \cdot d)$ genannt.

Für die nachfolgenden Beispielberechnungen werden ein mittlerer Tagesverbrauch pro Planbett mit $q_{dm} = 400\ l/(\text{Bett} \cdot d)$ und der Stundenspitzenfaktor für Krankenhäuser gemäß DVGW-Arbeitsblatt W 410 mit $f_h = 3{,}2$ festgelegt.

Mit Gleichung (20) oder Bild 38 ergibt sich unter Berücksichtigung dieser Vorgaben der für das Krankenhaus zu erwartende stündliche Trinkwasser-Spitzenbedarf von $Q_{hmax} = 32\ m^3/h$.

Die so ermittelte Bedarfsspitze soll im Beispiel über einen Bedarfszeitraum von $t_B = 2$ Stunden aufrechterhalten werden können. Vor Beginn des Bedarfszeitraums muss ein entnahmeschwacher Zeitraum t_F zur Verfügung stehen, in dem der Speicher gefüllt werden kann.

---

2 DVGW-Arbeitsblatt W 410, Ausgabe Dezember 2008: Wasserbedarf – Kennwerte und Einflussgrößen

3 VDI-Richtlinie 3807, Ausgabe Januar 2007: Wasserverbrauchskennwerte für Gebäude und Grundstücke

4 Wasserbedarfsprognose 2030 für das Versorgungsgebiet der Hamburger Wasserwerke GmbH (HWW) COOPERATIVE Infrastruktur und Umwelt

$$Q_{hV} = \frac{Q_{hmax} \cdot t_B}{t_F + t_B} \tag{21}$$

$$Q_{Speicher} = Q_{hV} \cdot t_f \tag{22}$$

Unter Anwendung der Gleichung (21) und der Gleichung (22) ergibt sich dann bei einer Füllzeit von t_F = 1 Stunde Q_{hV} = 21,3 m³/h und V_B = 21,3 m³ sowie bei einer Füllzeit von t_F = 2 Stunden Q_{hV} = 16 m³/h und V_B = 32 m³ (siehe auch Bild 39).

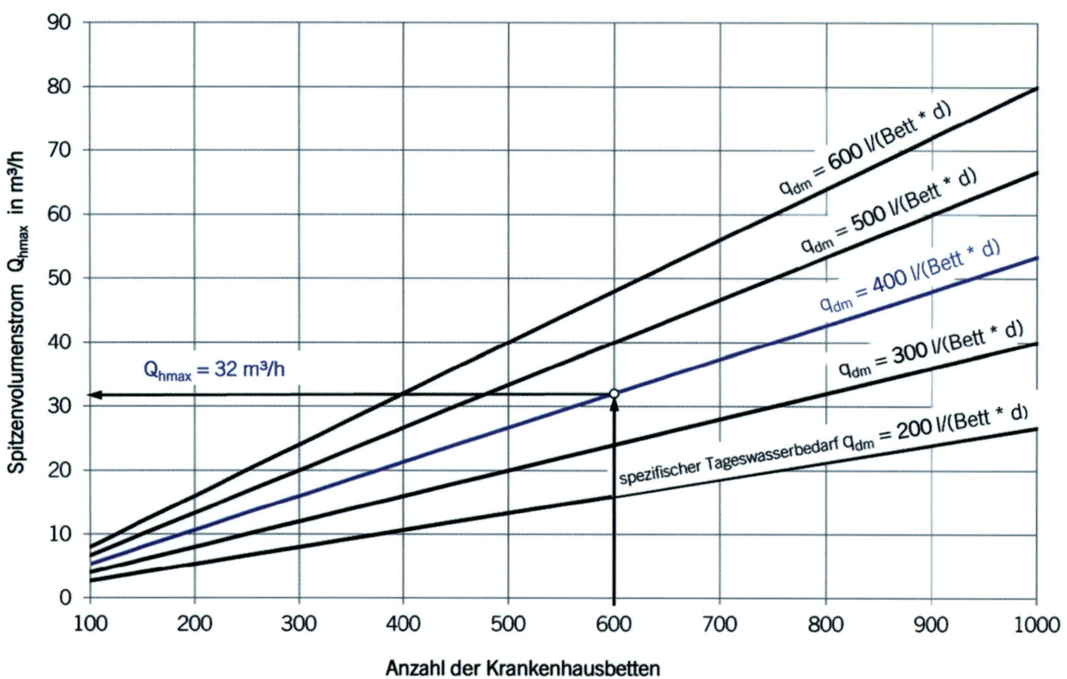

Bild 38: Spitzenvolumenstrom Q_{hmax} in Abhängigkeit von der Anzahl der Krankenhausbetten und dem mittleren Tageswasserbedarf

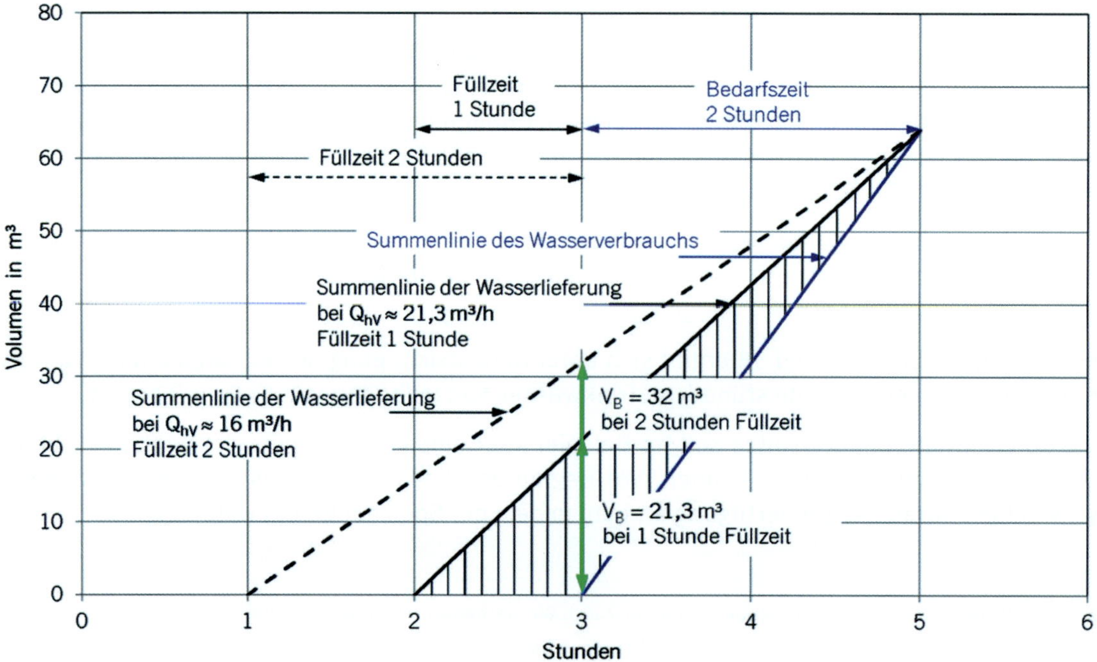

Bild 39: Ermittlung des Nutzinhalts eines Vorlagebehälters mit dem Spitzenlastverfahren

Summenlinienverfahren

Für ein Krankenhaus mit 600 Planbetten soll der Nutzinhalt eines Vorlagebehälters unter der Voraussetzung ermittelt werden, dass der Volumenstrom Q_{hV}, den das Versorgungsunternehmen zur Verfügung stellen muss, mit 10 m^3/h möglichst gering ist.

Bedarfsprofil

Für differenziertere Betrachtungen ist neben dem Tageswasserbedarf des Gebäudes Q_{dm} ein normiertes Bedarfsprofil (Tagesganglinie) erforderlich. Bedarfsprofile können aus Langzeitmessungen des Wasserverbrauchs in repräsentativen Objekten annähernd gleicher Nutzung gewonnen werden. Die grafische Darstellung des prozentualen Anteils der jeweiligen Stundenverbräuche am gemessenen Tageswasserverbrauch f_H liefert ein normiertes Bedarfsprofil, das als Grundlage für Planungen an Objekten mit vergleichbarer Nutzungscharakteristik verwendet werden kann (Bild 40).

Bei einem spezifischen Tagesverbrauch pro Planbett von 400 l/(Bett · d) beträgt der Tageswasserbedarf für das 600-Bettenkrankenhaus des Berechnungsbeispiels

$$Q_{dm} = 600 \cdot \frac{400}{1000} = 240\,m^3/d \qquad (23)$$

und der jeweilige Stundenverbrauch

$$Q_h = Q_{dm} \cdot \frac{f_H}{100} \qquad (24)$$

Das schrittweise Aufsummieren der Stundenverbräuche über den Tag liefert die Summenlinie des Wasserverbrauchs (Tabelle 11). Der geringstmögliche Versorgungsvolumenstrom zur Deckung des mittleren Tageswasserbedarfs von Q_{dm} = 240 m^3/d, der über 24 Stunden vom Wasserversorger kontinuierlich geliefert werden muss, beträgt $Q_{h,V}$ = 10 m^3/h. Die Entnahme dieses Volumenstroms aus dem Versorgungsnetz liefert die Summenlinie der Wasserlieferung (Tabelle 11).

Der senkrechte Abstand zwischen den beiden Summenlinien ergibt den momentanen Wasserinhalt des Speichers. Die Summenlinie der Wasserlieferung darf die Summenlinie des Wasserverbrauchs nur tangieren (Speicher entleert → Restspeichervolumen nicht mehr nutzbar), aber nicht schneiden (Unterdeckung = Wassermangel).

Das größte erforderliche Speichervolumen zur Abdeckung der Bedarfsspitzen (Nutzvolumen) stellt sich um 6:00 Uhr mit $Q_{Speicher}$ = 75 m^3 ein. Der Speicher ist zwischen 20:00 Uhr und 21:00 Uhr fast vollständig entleert. In den entnahmeschwachen Nachtstunden wird der Speicher gefüllt.

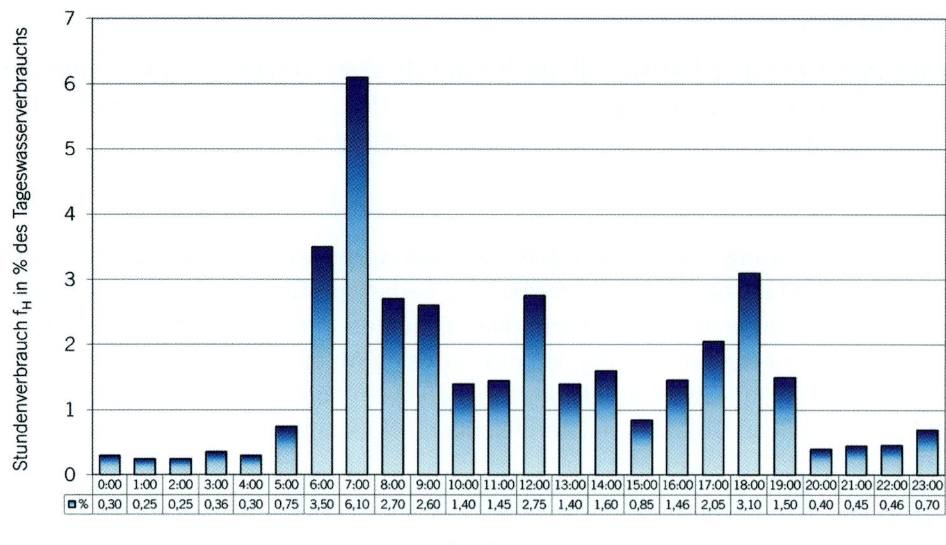

Bild 40: Aus Messergebnissen generiertes Bedarfsprofil für ein Krankenhaus als Stundenverbrauch in % des Tageswasserverbrauchs

Tabelle 11: Summenlinien des Wasserverbrauchs ΣQ_h und der Wasserlieferung $\Sigma Q_{h,V}$

Uhrzeit		f_H	Q_h	ΣQ_h	$Q_{h,V}$	$\Sigma Q_{h,V}$
		%	**m³/h**	**m³**	**m³/h**	**m³**
0	1	0,8	2,0	2,0	10,0	10,0
1	2	0,7	1,6	3,6	10,0	20,0
2	3	0,7	1,6	5,2	10,0	30,0
3	4	1,0	2,4	7,6	10,0	40,0
4	5	0,8	2,0	9,6	10,0	50,0
5	6	2,0	4,9	14,5	10,0	60,0
6	7	9,5	22,9	37,4	10,0	70,0
7	8	16,6	39,9	77,3	10,0	80,0
8	9	7,4	17,7	94,9	10,0	90,0
9	10	7,1	17,0	112,0	10,0	100,0
10	11	3,8	9,2	121,1	10,0	110,0
11	12	4,0	9,5	130,6	10,0	120,0
12	13	7,5	18,0	148,6	10,0	130,0
13	14	3,8	9,2	157,8	10,0	140,0
14	15	4,4	10,5	168,2	10,0	150,0
15	16	2,3	5,6	173,8	10,0	160,0
16	17	4,0	9,6	183,3	10,0	170,0
17	18	5,6	13,4	196,8	10,0	180,0
18	19	8,5	20,3	217,0	10,0	190,0
19	20	4,1	9,8	226,8	10,0	200,0
20	21	1,1	2,6	229,5	10,0	210,0
21	22	1,2	2,9	232,4	10,0	220,0
22	23	1,3	3,0	235,4	10,0	230,0
23	24	1,9	4,6	**240,0**	10,0	**240,0**

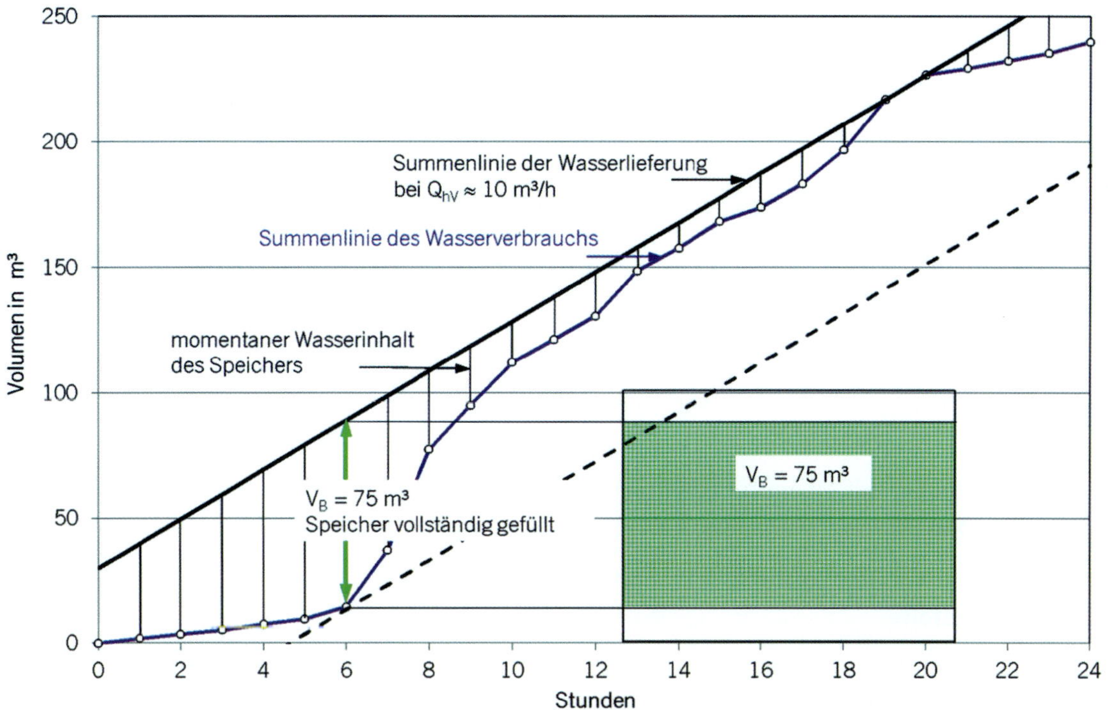

Bild 41: Summenliniendiagramm zur Ermittlung des Nutzinhalts eines Vorlagebehälters bei minimalem Volumenstrom aus dem Versorgungsnetz

4.10.4.3 Ausführung des Vorbehälters

Konstruktion, eingesetzte Werkstoffe und die Steuerung des Wassereinlaufs müssen DIN EN 806-2:2005-06, 19.1.3, 19.1.5 und 19.1.8, entsprechen. Die Sicherungseinrichtung Freier Auslauf AB muss nach DIN EN 1717 gewählt werden.

Die Zulaufarmatur muss so ausgeführt werden, dass keine unzulässigen Fließgeschwindigkeitsänderungen und Druckstöße verursacht werden. Eine geöffnete Zulaufarmatur darf nicht zum unzulässigen Unterschreiten des Mindest-Versorgungsdruck *SPLN* (3.1) führen.

Verformungen des Vorbehälters durch die Auftriebskraft der Zulaufarmatur (Auftriebskörper) müssen vermieden werden.

Durch konstruktive Maßnahmen muss sichergestellt werden, dass Wellenbewegungen durch den Zulauf vermieden werden und die nachgeschaltete Druckerhöhungsanlage keine Luft ansaugt. Zum gleichmäßigen Wasseraustausch müssen Stagnationszonen vermieden werden.

Ein freier Ablauf über einen Entwässerungsgegenstand nach DIN EN 1717 des Überlaufwassers muss auch bei Versagen der Zulaufarmatur sichergestellt sein.

Der Vorbehälter sollte mit einer Wasserstandsanzeige ausgestattet sein.

Die grundsätzlichen Anforderungen an einen Vorbehälter sind in der DIN EN 806-2 beschrieben und werden deshalb aus normungstechnischen Gründen in DIN 1988-500 nicht nochmals ausgeführt.

Anforderungen an die Konstruktion von Trinkwasserbehältern und an die eingesetzten Materialien nach DIN EN 806-2 sind nachfolgend auszugsweise wiedergegeben.

DIN EN 806-2

19.1.3 Trinkwasserbehälter

Für häusliche Zwecke dürfen Trinkwasserbehälter und die Abdeckungen das Trinkwasser nicht in Geschmack, Farbe, Geruch oder durch giftige Stoffe beeinträchtigen und weiterhin darf das Wachstum von Mikroorganismen weder begünstigt noch gefördert werden.

Behälter für Trinkwasser für häusliche Zwecke müssen wasserdicht sein und außerdem:

a) mit einer steifen, dicht schließenden, fest angebrachten Abdeckung versehen sein, die zwar nicht luftdicht, aber Licht und Insekten von dem Behälter fernhält, eng um eine Belüftungsleitung liegt, aus einem Werkstoff gefertigt ist, der bei Bruch weder zersplittert noch zerfällt und der durch auf seiner Unterseite entstehendes Kondenswasser nicht beeinträchtigt wird;

b) wo notwendig, mit einem für das Trinkwasser zugelassenen Werkstoff ausgekleidet oder beschichtet sein;

[...]

19.1.5 Werkstoffe

Der Werkstoff für Behälter muss korrosionsbeständig sein oder ist innen mit einer korrosionsbeständigen und nachgewiesen nicht toxischen Beschichtung zu versehen. Behälter und Abdeckung müssen ausreichende Festigkeit besitzen, um einen Betrieb ohne übermäßige Verformung sicherzustellen.

[...]

19.1.8 Steuerung des Wassereinlaufs

Mit Ausnahme von kommunizierenden Behältern ist jede Zulaufleitung mit einem Schwimmerventil oder mit einer Einrichtung gleicher Wirkungsweise auszustatten.

Folgende Merkmale sollten bei Schwimmerventilen oder bei anderen den Zulauf steuernden Armaturen, Spülkästen eingeschlossen, vorhanden sein:

a) Regelung des Zuflusses in einen Behälter oder Apparat, die im geschlossenen Zustand dauerhaft dicht sind; und

b) wo anwendbar, ein austauschbarer Ventilsitz mit Dichtung, die gegenüber Wasser korrosions- und erosionsbeständig sind, oder eine ähnlich geartete Vorrichtung mit mindestens gleicher Effektivität; und

c) wo anwendbar, ein Schwimmer aus einem Material, das bei jeder möglichen Wassertemperatur dicht bleibt, mit einer Auftriebskraft, die bei halbem Eintauchen ausreicht, das Ventil bei dem 1,5-fachen des maximalen Betriebsdrucks tropfdicht zu halten; und

d) ein Arbeitshub, der bei geschlossenem Ventil bei zweifacher normaler Belastung kein Verbiegen oder Verwinden hervorruft und für die Anschlussgröße G ½ das Einstellen eines oberen Betriebswasserspiegels ohne Verbiegen des Schwimmerhebels gestattet; und

e) in Behältern für Nichttrinkwasser sollte die Vorrichtung so ausgebildet sein, dass bei Anstieg des Wasserspiegels bis zur Achse des Schwimmerventils Rückfließen verhindert wird.

Jedes Schwimmerventil muss fest an dem versorgten Behälter montiert sein und, wo notwendig, abgestützt sein, um zu verhindern, dass durch Kräfte des Schwimmkörpers Einwirkungen auf den Schließvorgang des Ventils entstehen und somit der Betriebswasserspiegel, der den Wasserzufluss absperrt, beeinträchtigt werden kann. Der Abstand zwischen Wasserspiegel und Unterkante der Alarmleitung muss mindestens 25 mm betragen, bei fehlender Alarmleitung mindestens 50 mm zur Unterkante der Überlaufleitung.

Vor jedem Schwimmerventil ist möglichst in dessen Nähe ein Absperrventil einzubauen.

Bild 42: Vorbehälter 700 Liter inkl. Motorkugelhahn und Absperrarmatur

Sicherungseinrichtung

Die Sicherungseinrichtung ist gemäß DIN EN 1717 als „Freier Auslauf Typ AB" auszuführen.

Die konstruktiven Ausführungsbedingungen des „Freien Auslaufs Typ AB" werden in DIN EN 13077 geregelt.

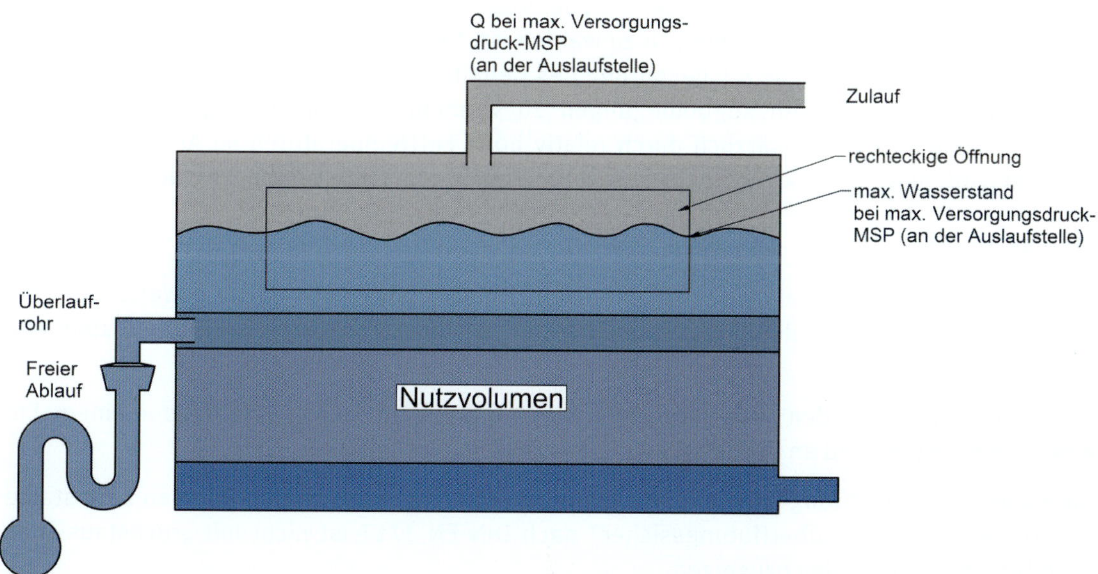

Bild 43: Darstellung „Freier Auslauf Typ AB", vereinfachte Darstellung (Sicherungseinrichtung Freier Auslauf Family A Typ B nach DIN EN 13077)

1) Die rechteckige Öffnung (Notüberlauf) als nicht kreisförmiger Überlauf muss einen ungehinderten Überlauf des Wassers aus dem Behälter gewährleisten.

2) Ein zusätzliches Überlaufrohr (erste Überlaufsicherung) liegt unterhalb des Notüberlaufes und kann über einen freien Ablauf nach DIN EN 1717 an das Entwässerungssystem angebunden werden.

3) Die Abführung des aus dem Notüberlauf austretenden Wassers kann auch über eine Auffangeinrichtung als freier Ablauf nach DIN EN 1717 an das Entwässerungssystem angebunden werden.

4) Die rechteckige Austrittsöffnung ist so zu gestalten, dass der ungehinderte freie Auslauf durch diese zu jeder Zeit möglich ist.

5) Die Zulaufarmatur ist fest mit dem Vorbehälter zu verbinden. Die Konstruktion muss die statischen wie dynamischen Kräfte dauerhaft aufnehmen, die beim Öffnen und Schließen der Armatur entstehen.

Sicherungseinrichtungen, bei denen der „Freie Auslauf AB" z. B. durch einen akkreditierten Branchenzertifizierer zertifiziert wurde, erfüllen die Anforderungen nach DIN EN 13077.

Grenzwerte in der Anschlussleitung

Bei der Nachspeisung in den Vorlagebehälter muss die maximale Fließgeschwindigkeit von 2 m/s in der Anschlussleitung eingehalten werden (siehe hierzu Tabelle 9 und Tabelle 10).

In der Praxis sind immer wieder überdimensionierte Zulaufarmaturen anzutreffen, die die Fließgeschwindigkeiten im System unzulässig erhöhen. Hierbei wird der Einfluss der Differenz zwischen Mindest-Versorgungsdruck *SPLN* und maximalem Versorgungsdruck *MSP* auf den Füllvolumenstrom $Q_{\text{Füll}}$ unzureichend berücksichtigt.

Größere Druckschwankungen durch das Öffnen und Schließen der Zulaufarmatur sind auszuschließen.

Wasserqualität/Ansaugbedingungen

In Kapitel 4.10.4.2 wurde bereits dargestellt, dass das Nutzvolumen des Vorbehälters aus hygienischen Gründen so klein wie möglich zu wählen ist. Neben der Größe und dem verwendeten Material ist die geometrische Ausgestaltung des Behälters ein wichtiger Faktor, um Schichtenwässer und ungünstige Ansaugbedingungen zu vermeiden. Schichtenwasser, das in Vorbehältern stagniert und zusätzlich durch relativ hohe Lufttemperaturen im Aufstellungsraum erwärmt wird, neigt zur mikrobiologischen Kontamination und muss daher vermieden werden.

Entwässerung

Bei Ausfall der Zulaufarmatur ist sicherzustellen, dass das bei maximal zu erwartendem Versorgungsdruck (*MSP*) anfallende Wasser vollständig und sicher über einen Überlauf abgeleitet wird.

Es ist zu empfehlen, den erstansprechenden Überlauf mit freiem Ablauf über einem Entwässerungsgegenstand an ein Entwässerungssystem anzuschließen.

Die Sicherungseinrichtung ist grundsätzlich nur in überflutungssicheren Räumen zu installieren. Die Bezeichnung „überflutungssicher" nach DIN EN 1717 ist nicht mit „rückstausicher" nach DIN EN 12056-4 gleichzusetzen.

(Quelle: Werkbild: SPECK)

Bild 44: „Freier Auslauf" in Funktion; $Q = 18\ m^3/h$

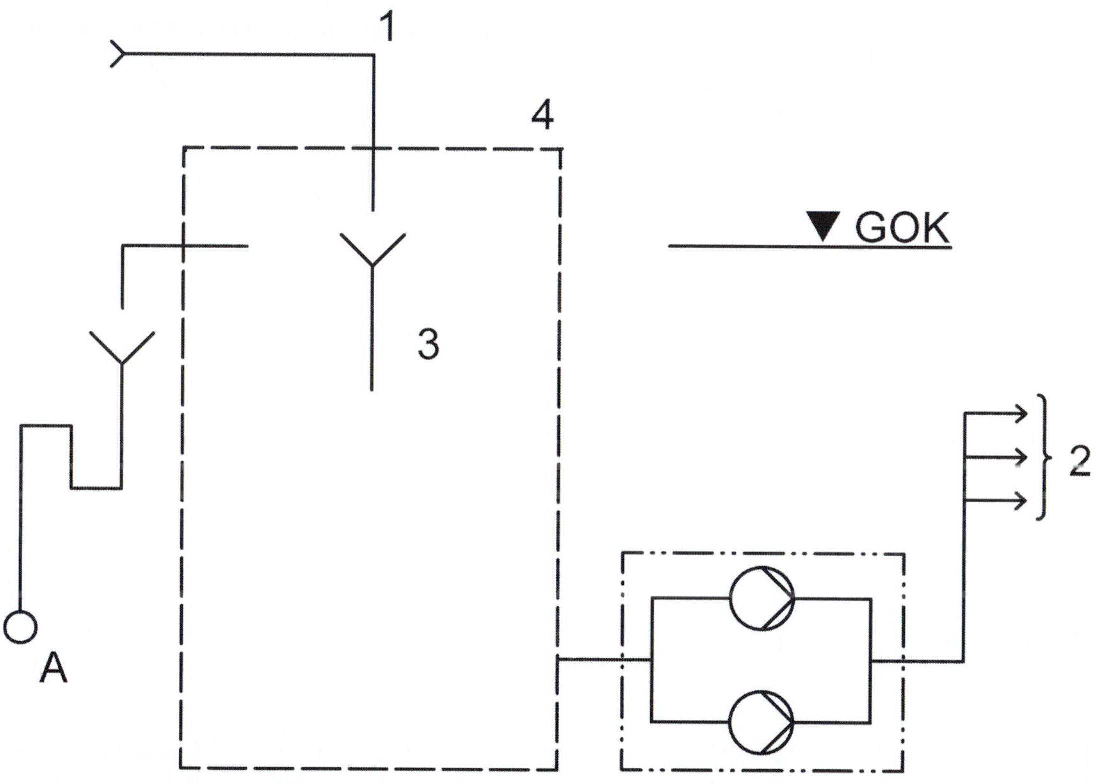

Legende

1 Trinkwasser vom öffentlichen Wasserversorger
2 Trinkwasserabgang nach mittelbarem Anschluss und Druckerhöhungsanlage
3 Sicherungsarmatur „Freier Auslauf"
4 Mittelbarer Anschluss, Vorbehälter
A Anschluss an die Entwässerungsanlage
GOK Rückstauebene, z. B. Straßenoberkante

Bild 45: Vorbehälter mit „Freiem Auslauf" oberhalb der Rückstauebene

(Quelle: Werkbild: SPECK)

Bild 46: Vorbehälter mit Notentwässerung mit Tauchmotorpumpe für den Einsatz unterhalb der Rückstauebene

Erfolgt der Überlauf unterhalb der Rückstauebene (Bild 46 und Bild 47), muss eine Abwasserhebeanlage die Überflutung des Gebäudes verhindern.

Das zugehörige Entwässerungssystem, ggf. mit Abwasserhebeanlage, muss in beiden Fällen unter Berücksichtigung des maximal anfallenden Überlauf-Volumenstroms nach DIN 1986-100 in Verbindung mit DIN EN 12056-4 bemessen werden.

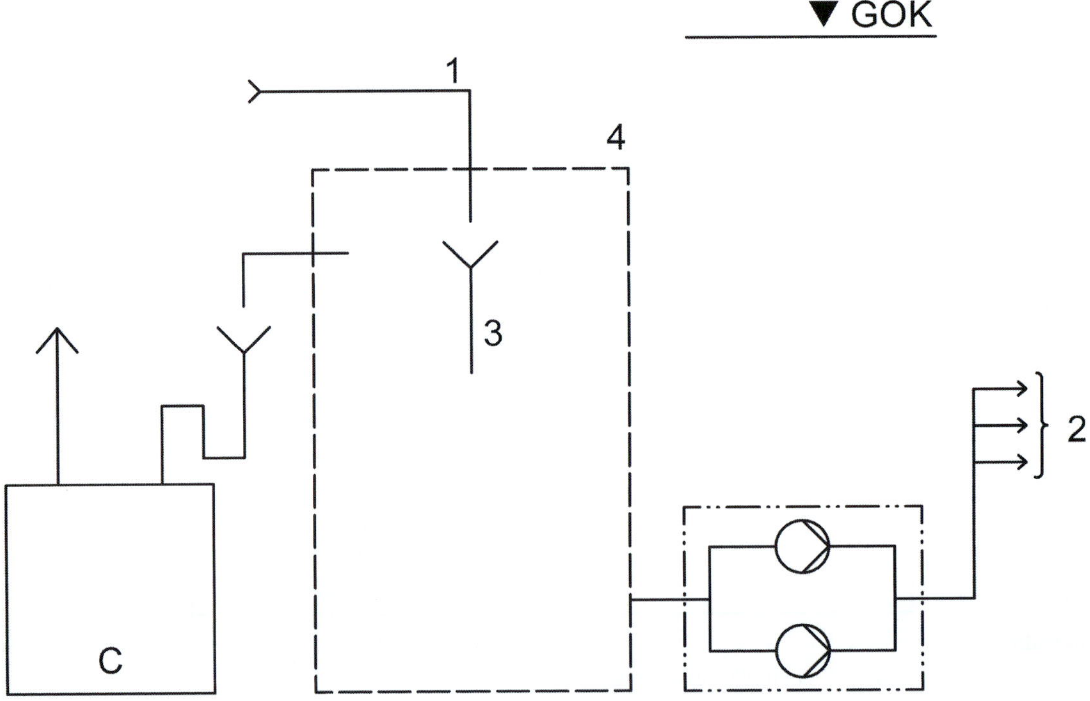

Legende

1 Trinkwasser vom öffentlichen Wasserversorger
2 Trinkwasserabgang nach mittelbarem Anschluss und Druckerhöhungsanlage
3 Sicherungsarmatur „Freier Auslauf"
4 Mittelbarer Anschluss, Vorbehälter
C Hebeanlage
GOK Rückstauebene, z. B. Straßenoberkante

Bild 47: Vorbehälter mit „Freiem Auslauf" unterhalb der Rückstauebene

4.10.5 Druckerhöhungsanlagen

Druckerhöhungsanlagen müssen mindestens mit einer Reservepumpe ausgestattet sein. Bei Ausfall einer Betriebspumpe muss der Spitzendurchfluss Q_D zu 100 % gedeckt sein. Die Forderung nach einer Reservepumpe entfällt bei Kleinobjekten (z. B. Einfamilien- und Zweifamilienhäuser zu Wohnzwecken genutzt).

Zur Vermeidung von Stagnationswasser ist bei Mehrpumpenanlagen ein automatisch gesteuerter, zyklischer Betrieb aller Pumpen erforderlich, das schließt auch die Reservepumpen mit ein. Jede Pumpe muss bei bestimmungsgemäßem Betrieb mindestens einmal in 24 h den Betrieb übernehmen. Finden Spülmaßnahmen statt, muss sichergestellt werden, dass jede Pumpe einen Wasseraustausch vollzogen hat.

Schaltung und Regelung müssen so ausgelegt werden, dass bei unmittelbarem Anschluss die Anlage abgeschaltet wird, wenn der Vordruck unmittelbar vor der Druckerhöhungsanlage unter 0,1 MPa sinkt oder der Mindest-Versorgungsdruck mehr als 50 % unterschritten wird (Wassermangelschaltung zum Schutz vorgeschalteter Verbraucher).

Bei mittelbarem Anschluss müssen Anlage und Pumpen gegen Trockenlauf (Trockenlaufschutz) geschützt werden. Der Trockenlauf muss angezeigt oder gemeldet werden.

Nach Aufhebung des Trockenlaufs oder Wassermangels muss die Anlage automatisch wieder einschalten.

Zur Verbesserung der Betriebs- und Prozesssicherheit wird eine Störmeldungshistorie empfohlen, die die letzten zehn Ereignisse speichern kann.

Die Regelgüte des Fließdruckes P_{FL} darf außerhalb des Schwachlastbereichs und der Nullmengenabschaltung nicht mehr als 0,015 MPa vom Sollwert abweichen. Durch die Druckerhöhungsanlage darf das Trinkwasser-kalt (PWC) nicht über 25 °C erwärmt werden.

Es müssen Kreiselpumpen mit stabiler Kennlinie (Drosselkurve) verwendet werden.

Selbstansaugende Pumpen dürfen nur bei mittelbarem Anschluss verwendet werden.

Wenn sichergestellt ist, dass keine störenden Geräusche auftreten, sind Pumpen jeder Drehzahl zulässig.

In Wohngebäuden müssen die Schalldruckpegel nach Normenreihe DIN 4109 eingehalten werden.

Elektromotoren müssen den einschlägigen VDE-Bestimmungen entsprechen. Die zulässige Anschlussart von Motoren, Frequenzumrichtern u. ä. muss mit dem zuständigen, örtlichen Netzbetreiber geklärt werden.

Reservepumpe – Redundanz

Als Redundanz wird die Mehrfachauslegung technischer Geräte zum Schutz vor Ausfallerscheinungen bezeichnet. Der in der Praxis häufig übliche Einsatz einer Pumpe mit Reservepumpe erfüllt den Umstand einer Geräteredundanz nicht zwangsläufig. Fällt z. B. ein Drucksensor oder die Steuereinheit aus, ist eine ungehinderte Wasserversorgung trotz einer Mehrpumpenanlage nicht mehr gegeben. Zur Erhöhung der Betriebssicherung kann es ggf. sinnvoll sein, auch die Mess-, Steuer- und/oder Regelungsglieder redundant auszulegen.

Für Kleinobjekte, z. B. Ein- und Zweifamilienhäuser, entfällt die Forderung nach Redundanz. Der Grund für diese Erleichterung ist, dass nur ein kleiner Personenkreis von kurzzeitiger Nichtversorgung betroffen ist und eine Störungsbeseitigung in der Regel kurzfristig erfolgen kann.

Vermeidung von Stagnationswasser

Wenn Wasser nicht fließt, „stagniert“ es. Trinkwasser, das über einen längeren Zeitraum (> 1 Woche) nicht ausgetauscht wurde, ist in etwa vergleichbar einem Lebensmittel mit abgelaufenem Verfallsdatum. Es ist zwar nicht zwangsläufig nachteilig verändert, doch entziehen sich nachteilige Veränderungen möglicherweise der unmittelbaren Wahrnehmung. Je regelmäßiger und öfter an allen Entnahmestellen Wasser entnommen wird, desto besser ist die Trinkwassergüte. Findet kein bestimmungsgemäßer Betrieb statt oder es kommt zum Überschreiten der Stagnationszeit, ist durch geeignete Wasserwechselmaßnahmen, wie z. B. Spülen/Ablaufenlassen, das stagnierte Wasser zu verwerfen. Ausschließlich durch Entnahme von Trinkwasser an allen Entnahmestellen ist nicht immer sichergestellt, dass alle Pumpen einen Wasserwechsel vollzogen haben. Zwar ist bei Druckerhöhungsanlagen ein automatisch gesteuerter, zyklischer Betrieb aller Pumpen erforderlich, jedoch ist die genaue Funktion je nach Hersteller unterschiedlich.

Für den hygienisch einwandfreien Betrieb ist es erforderlich, den manuellen oder automatisierten Spülplan und die Spüleinrichtungen auf die Schaltzeiten der Pumpenanlage abzustimmen.

Wassermangelsicherung

Bei unmittelbarem Anschluss der Druckerhöhungsanlage sind die Schaltung und Regelung so auszulegen, dass die Anlage abschaltet, wenn der Fließdruck vor der DEA ($P_{FL,vor}$) unter 0,1 MPa (1 bar) oder der Mindest-Versorgungsdruck (SPLN > 0,2 MPa) um 50 % absinkt (Wassermangelsicherung). Liegen Mindest-Versorgungsdrücke < 0,1 MPa vor, so ist mit dem Versorger Rücksprache zu halten, wie die Wassermangelsicherung einzustellen ist. Unter Umständen ist dann ein mittelbarer Anschluss zu bevorzugen.

Bei mittelbarem Anschluss sind die Pumpen gegen Trockenlauf (Wassermangel) zu schützen.

Der Wassermangel muss angezeigt oder gemeldet werden.

Nach Aufhebung des Wassermangels muss sich die Anlage automatisch wieder einschalten. Von Vorteil ist eine Wassermangelerkennung, die einen bestandenen Wassermangel anzeigt. Im Bereich der Wasserzähleinheit sollte aus diesem Grund ein Manometer mit Schleppzeiger für Unterdruck eingebaut werden, damit bestehende oder bestandene Störungen auf der Zulaufseite leichter nachvollzogen werden können. Solche Störmeldungen können mit Auftreten der Spitzenlast z. B. durch saisonal auftretende Schwankungen des Versorgungsdrucks und/oder nicht ausreichend gewartete oder rückgespülte Filter verursacht werden.

Störmeldungshistorie

Für eine einfache und erfolgreiche Störungssuche und zur Verbesserung der Betriebs- und Prozesssicherheit ist es erforderlich, die eigentliche Ursache der Störung zu finden und zu beseitigen. Daher ist es empfehlenswert, System- und Pumpenmeldungen in einer Historie zu erfassen. Erst dadurch lässt sich bei einem akuten Fehler feststellen, welche Meldung zuerst aufgetreten ist und welche die Folgestörungen und Folgemeldungen sind. Die sinnvolle Anzahl von Historieneinträgen ist abhängig vom Detailgrad einzelner Meldungen. Je detaillierter Meldungen erzeugt werden, desto mehr Folgemeldungen können auftreten. Mit zehn Ereignissen sollte in den meisten Fällen das erste Ereignis noch im Speicher verfügbar sein.

Schaltdruckdifferenz

Für die Schaltdruckdifferenz $\Delta P_{E\text{-}A}$ (Regelgüte des Fließdrucks) der Druckerhöhungsanlage wird gefordert, einen Wert von < 0,015 MPa (0,15 bar) nicht zu überschreiten.

Zu bevorzugen sind Anlagen, die über eine Regeleinrichtung (üblicherweise frequenzgesteuerte Anlagen) einen konstanten Fließdruck P_{FL} sicherstellen können. Fließdruck P_{FL}, Mindestfließdruck $P_{min\ FL}$ und Ruhedruck P_{Ruhe} liegen dabei unabhängig vom schwankenden Zulaufdruck nahezu konstant auf einem jeweiligen Druckniveau.

Die Regelgüte ist abhängig von der eingesetzten Hard- und Software. Die blau eingefärbte Linie in Bild 48 zeigt den Druckbereich an, in dem die Regelvorgänge erfolgen. Bei dem ausschließlichen Einsatz von drehzahlgesteuerten Pumpen treten kaum noch Zu- und Abschaltverzögerungen im Spitzenlastbereich auf. Die in den Bildern 52 und 53 dargestellten blauen Flächen werden somit auf ein Minimum reduziert.

Die geforderte Schaltdruckdifferenz lässt sich nur durch den Einsatz von drehzahlgesteuerten Pumpen in einer Druckerhöhungsanlage einbauen.

Aus Gründen der Energieeffizienz und der Hygiene sind ebenfalls drehzahlgesteuerte Druckerhöhungsanlagen einzusetzen.

Alle Pumpen der Druckerhöhungsanlage sind drehzahlgesteuert

Mit Erreichen der Zuschaltparameter wird bzw. werden die Pumpe(n) zugeschaltet. Über den jeweiligen Frequenzumrichter werden die Pumpen an einer Rampe sanft angefahren. Dieses führt zu deutlich reduzierten Druckschwankungen.

Ein Volumenstrom einer Pumpe wird erst dann zur Verfügung gestellt, wenn gleiche Druckverhältnisse an den in Betrieb befindlichen Pumpen bestehen und der Öffnungsdruck des Rückflussverhinderers erreicht wird. Der Rückflussverhinderer sollte zur Aufrechterhaltung der Schaltdruckdifferenz einen niedrigen Öffnungsdruck aufweisen, um diese realisieren zu können.

Mit Beenden der Startphase verändern alle Pumpen in Abhängigkeit der Betriebszustände ihre Drehzahl.

Das Abschalten der Pumpe(n) erfolgt analog dem Zuschalten. Mit Erreichen der Abschaltparameter wird bzw. werden die Pumpe(n) abgeschaltet. Über den jeweiligen Frequenzumrichter werden die Pumpen sanft heruntergefahren. Dies führt zu deutlich reduzierten Druckschwankungen.

Die Umschaltung/der Wechsel zwischen den Pumpen im Betrieb erfolgt auf die gleiche Art und Weise.

Die normativ geforderte Schaltdruckdifferenz von < 0,015 MPa (0,15 bar) kann eingehalten werden.

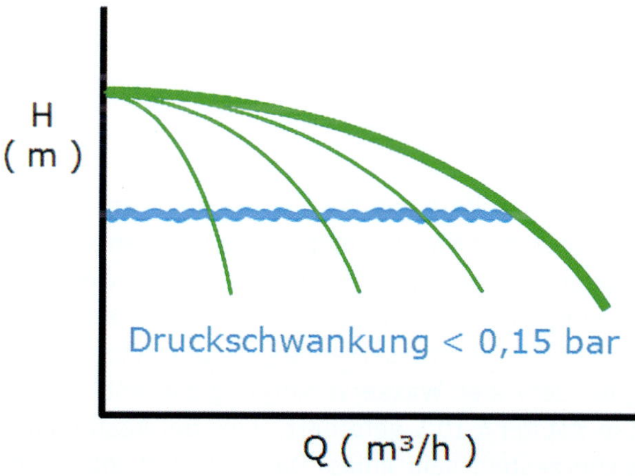

Bild 48: Alle Pumpen drehzahlgesteuert, jede Pumpe ist mit einem Frequenzumrichter ausgestattet

Die Einhaltung der Regelgüte bei drehzahlgesteuerten Druckerhöhungsanlagen kann nur sichergestellt werden, wenn auf der Verbraucherseite nur Leitungs- oder Entnahmearmaturen verwendet werden, die bei Betätigung weder schnell schließen noch schnell öffnen und somit keine wesentlichen Druckschwankungen verursachen.

In Druckerhöhungsanlagen werden in der Regel normal saugende Kreiselpumpen eingesetzt. Bei unmittelbarem Anschluss sind selbstansaugende Pumpen nicht zulässig. Es sind nur Pumpen mit einer stabilen Kennlinie (Drosselkurve) zu verwenden. Bei einer stabilen Drosselkurve (stetig steigend) hat jede Förderhöhe einen Förderstrompunkt. Bei einer instabilen Drosselkurve können einer Förderhöhe zwei oder mehrere Förderstrompunkte zugeordnet werden.

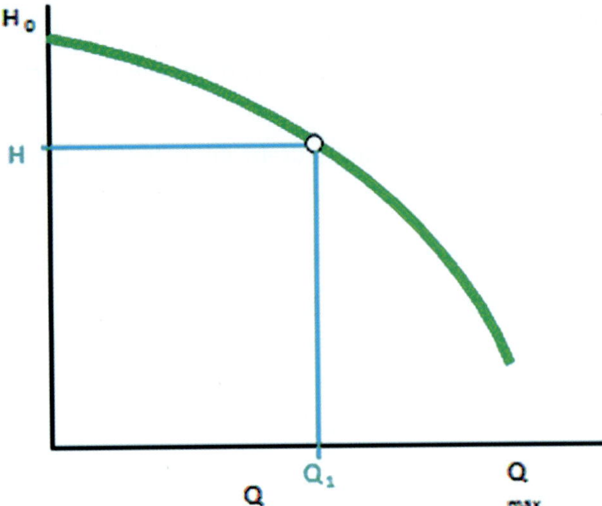

Bild 49: Stabile Drosselkurve

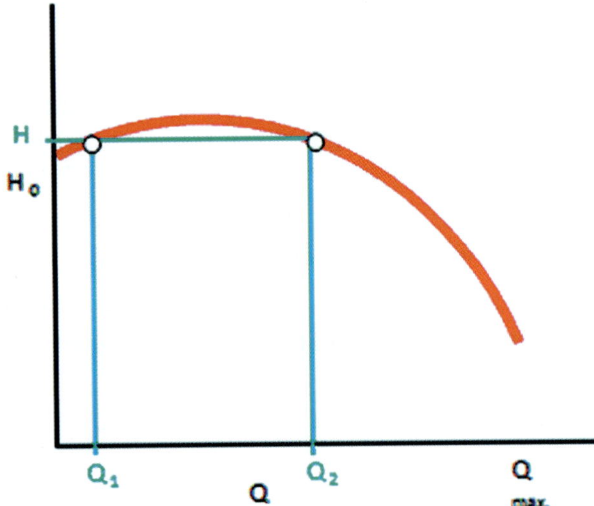

Bild 50: Instabile Drosselkurve

Aus Platz- und Kostengründen sowie um einen hohen Wirkungsgrad sicherzustellen, werden heute in der Gebäudetechnik mehrstufige Kreiselpumpen verwendet. Diese Pumpen sind mit einem direkt gekuppelten Elektromotor verbunden. Der Motor/die Pumpe wird jeweils von einem Frequenzumformer versorgt. Die Aggregate sind hydraulisch und elektrisch optimiert. Die Druckerhöhungsanlagen müssen zu jeder Zeit die Trinkwasserversorgung aufrechterhalten, solange Wasser aus der Versorgungsleitung der zentralen Wasserversorgung zufließt. Da jede Pumpe instandgehalten werden muss, wird in Kapitel 4.10.5 gefordert, dass bei Ausfall einer Betriebspumpe die Versorgung zu 100 % sichergestellt sein muss. Das bedeutet, dass jede Anlage mit mindestens zwei Pumpen ausgestattet werden muss. Die Anlage ist so zu konzipieren, dass die Instandhaltung einer Pumpe oder eines Rückflussverhinderers ohne Betriebsunterbrechung bei laufender Anlage vorgenommen werden kann. Deshalb sind vor und hinter jeder Pumpe inkl. Rückflussverhinderer Absperrarmaturen einzubauen.

(Quelle: Werkbild: Grundfos)

Bild 51: Druckerhöhungsanlage mit jeweils im Motor integriertem Frequenzumformer

Eine Druckerhöhungsanlage besteht mindestens aus zwei Pumpen mit je einem Frequenzumformer, je zwei Wartungs-Absperrarmaturen und je einem Rückflussverhinderer, einem Istwert-Sensor, einer Wassermangelsicherung (bei unmittelbar angeschlossenen Druckerhöhungsanlagen) oder einem Trockenlaufschutz (bei mittelbar angeschlossenen Druckerhöhungsanlagen), einer gemeinsamen Druckleitung und einem durchströmten Steuerbehälter sowie einer Regeleinheit.

Eine analoge Druckanzeige ausgangsseitig wird empfohlen.

Elektrischer Anschluss

Alle Anlagen müssen den einschlägigen VDE-Vorschriften, insbesondere VDE 0100, entsprechen und dementsprechend angeschlossen werden. Bei Anlagen mit Drehstrom-Frequenzumrichter sind diese über einen FI-Schutzschalter mit allstromsensitiver Auslösung abzusichern.

Nicht drehzahlgesteuerte Druckerhöhungsangaben

Die im Folgenden genannten Varianten von Druckerhöhungsanlagen (wie in DIN EN 806-2 beschrieben) sind nur mit erheblichem Mehraufwand unter Vernachlässigung der energetischen Vorgaben und einem erhöhten Gefährdungspotenzial im Bereich der Trinkwasserhygiene realisierbar.

Anlagenkonfigurationen außerhalb der DIN 1988-500 sind somit nicht als gleichwertig zu betrachten.

Alle Pumpen einer Druckerhöhungsanlage laufen mit fester Drehzahl

Diese Betriebsweise macht sich im besonderen Maße durch erheblichen Druckanstieg im Schwachlast-/Teillastbereich mit der zeitverzögerten 0-Mengenabschaltung bemerkbar. Die zeitverzögerte 0-Mengenabschaltung ist erforderlich, um unzulässige Flatterschaltungen zu vermeiden sowie die Schaltspiele/Stunde auf maximal 20 zu begrenzen. Bedingt durch den höheren Anlaufstrom erhöht häufiges Schalten den Gesamtstromverbrauch und damit die Betriebskosten.

Die normativ geforderte Schaltdruckdifferenz von < 0,015 MPa (0,15 bar) kann nicht eingehalten werden (Bild 51).

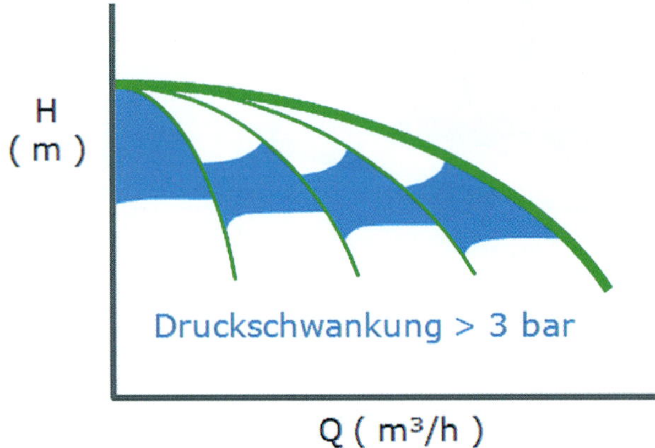

Bild 52: Alle Pumpen laufen mit fester Drehzahl

Nur eine Pumpe der Druckerhöhungsanlage ist drehzahlgesteuert

Diese Variante wurde früher aus Kostengründen realisiert. In der Hausinstallation werden diese Systeme aus energetischen, hygienischen und Kostengründen nicht mehr eingesetzt.

Bei dieser Anlagenkonfiguration ist nur ein Frequenzumformer erforderlich. Ist mehr als eine Pumpe nötig, um die benötigten Volumenströme bei entsprechendem Druck zu liefern, wird die drehzahlgesteuerte Pumpe meist in einem sehr kleinen Drehzahlfenster laufen. Denn erst bei ausreichendem Druck dieser Pumpe wird der dahinter liegende Rückflussverhinderer öffnen und die Pumpe beginnt zu fördern. Bei zu geringem Druck dreht die Pumpe, ohne zu fördern, und erwärmt das Trinkwasser unnötig.

Bei einer 2-Pumpenanlage (Grundlast und Reserve) entfällt die Spitzenlastschaltung, aber bei einem Grundlastwechsel oder der Störumschaltung gibt es Druckspitzen und Drucktäler bei der Zu-/Abschaltung von Pumpen.

Unabhängig von der Anzahl der Pumpen kann die normativ geforderte Schaltdruckdifferenz von < 0,015 MPa (0,15 bar) nicht eingehalten werden (Bild 53).

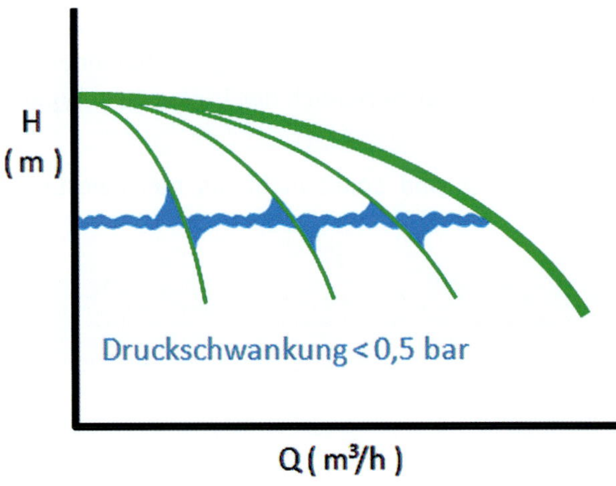

Bild 53: Eine Pumpe drehzahlgesteuert, alle weiteren Pumpen mit fester Drehzahl

4.10.6 Armaturen

Absperrarmaturen müssen vor und hinter jeder Pumpe so angeordnet werden, dass jede Pumpe und der dazugehörende Rückflussverhinderer ohne Unterbrechung der Druckerhöhungsanlage ausgebaut werden kann.

Es dürfen nur Armaturen verwendet werden, die nicht plötzlich öffnen oder schließen können (Öffnungs- und Schließzeit > 0,5 s; Ausnahme: Armaturen für Revisionszwecke).

ANMERKUNG Finden Druckstöße und/oder Fließgeschwindigkeitsänderungen statt, ist in der Regel nicht die Druckerhöhungsanlage der Verursacher, sondern meist die davor und dahinter installierten Verbraucher, Armaturen oder Apparate.

Kugelhähne mit Öffnungs- und Schließzeit > 0,5 s sind für die Wartungs- und Reparaturmaßnahmen am Pumpen- und Rückflussverhinderer bei Druckerhöhungsanlagen akzeptabel.

Kugelhähne und Absperreinrichtungen mit Nennweiten > NW 25 sollten mit einer Getriebeübersetzung am Bedienelement ausgestattet werden, um Druckschläge durch schnelles Schließen zu verhindern.

Um Druckstöße und/oder Fließgeschwindigkeitsänderungen bei Wartungs- und Reparaturmaßnahmen zu verhindern, ist vor Betätigung der Absperrarmaturen der Stillstand der Pumpe sicherzustellen.

4.10.7 Sicherheitsventil

Ein nach AD 2000 Merkblatt A 2 geprüftes Sicherheitsventil muss dann eingebaut werden, wenn die Summe aus dem maximalen Zulaufdruck und dem maximalen Förderdruck der Pumpe/Anlage (Nullförderhöhe) den zulässigen Systemdruck hinter der Druckerhöhungsanlage überschreitet. Dieses Sicherheitsventil muss in der Lage sein, beim 1,1-fachen des zulässigen Systemdruckes PN den dabei auftretenden Förderstrom der Pumpe/Anlage abzublasen. Der abfließende Wasserstrom muss rückstausicher nach DIN 1986-100 und Normenreihe DIN EN 12056 abgeführt werden können.

AD (Arbeitsgemeinschaft Druckgeräte) 2000 Merkblatt A 2 „Sicherheitseinrichtungen gegen Drucküberschreitung – Sicherheitsventile“

Drehzahlgesteuerte Druckerhöhungsanlagen halten den Druck in engen Grenzen konstant. Der Druck in der nachgeschalteten Druckzone kann jedoch durch Fehlfunktion oder durch missbräuchliche Eingriffe unzulässig, das heißt über den Nenndruck der Leitungen, der Rohr- und Entnahmearmaturen usw. hinaus, erhöht werden. Der unzulässige Druckanstieg muss über ein ausreichend dimensioniertes Sicherheitsventil verhindert werden, welches mit dem 1,1-Fachen des zulässigen Systemdrucks zu bemessen ist. Das Sicherheitsventil ist für den größtmöglichen Förderstrom der Druckerhöhungspumpen bei Überschreiten des betreffenden Nenndrucks zu bemessen.

Die Abblaseleitung ist entsprechend der Anschlussnennweite des Sicherheitsventils nach DIN EN 806-2, Abschnitt 10.2.5 „Entlastungsleitungen“, zu bemessen. Bei größeren Leitungslängen müssen die Druckverluste in der Abblaseleitung berücksichtigt werden. Ggf. muss die Abblaseleitung größer als die Anschlussnennweite des Sicherheitsventils bemessen werden.

Das Entwässerungssystem, ggf. mit Abwasserhebeanlage, muss nach DIN 1986-100 in Verbindung mit DIN EN 12056-4 unter Berücksichtigung des maximal anfallenden Volumenstroms aus dem Sicherheitsventil bemessen werden.

Auszug aus DIN EN 806-2, Abschnitt 10.2.5:

Das Entlastungswasser muss über einen freien Auslauf und Trichter im selben Raum oder derselben Aussparung und vertikal nicht weiter als 500 mm von der thermischen Ablaufsicherung geführt werden (siehe EN 1717). Die Entwässerungsleitung muss mit ausreichendem Gefälle verlegt werden und aus geeignetem Material bestehen. Die Nenngröße der Entwässerungsleitung nach dem Trichter muss mindestens eine Nenngröße größer als die Ventilaustrittsöffnung sein, wenn der hydraulische Widerstand dem eines geraden Rohres von 9 m Länge entspricht, zwei Nenngrößen mehr bei einer gleichwertigen Rohrlänge von 9 m bis 18 m, drei Nenngrößen mehr bei einer gleichwertigen Rohrlänge zwischen 18 m und 27 m und so weiter.

4.10.8 Leitungsanschlüsse

Der Rohranschluss muss mechanisch spannungsfrei ausgeführt werden. Werden Kompensatoren zur Schwingungsdämpfung eingesetzt, so müssen diese mit Längenbegrenzern ausgestattet werden. Sie müssen leicht austauschbar sein.

Umgehungsleitungen (Bypässe) sind nicht zulässig.

Werden zum Erreichen der mechanischen Spannungsfreiheit elastische Rohrelemente wie Kompensatoren oder Metallschläuche verwendet, sind diese mit Längenbegrenzern auszustatten. Bei Kompensatoren sind dies Zuganker (Bild 54), bei Metallschläuchen ein umhüllendes Metallgewebe (Bild 55).

Es ist zwingend darauf zu achten, dass die trinkwasserberührten Bauteile eines Kompensators die Anforderungen von Kapitel 4.2 erfüllen.

Bild 55: Metallschlauch (Wellrohr) umhüllt; mit Metallgewebe zur Zugentlastung

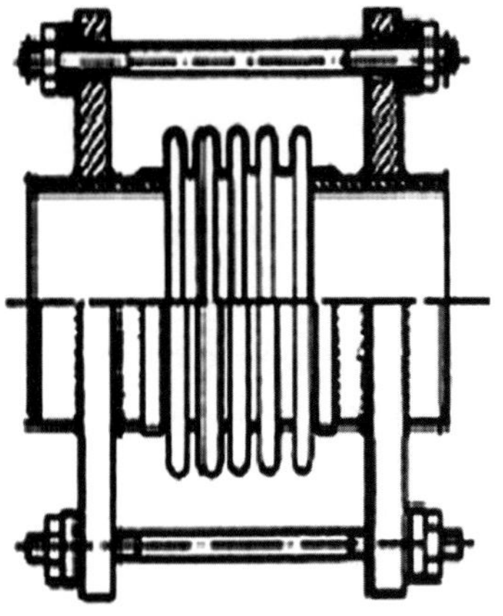

Bild 54: Kompensator mit Zuganker

4.10.9 Aufstellung

Die Druckerhöhungsanlage muss schallentkoppelt vom Baukörper aufgestellt sein.

Die Druckerhöhungsanlage und die dazugehörigen Bauteile müssen in einem frostfreien, gut belüfteten und abschließbaren Raum angeordnet werden. In diesem Raum dürfen keine negativen Einflüsse auf das Trinkwasser wirken (z. B. Wärmelasten oder sonstige chemische oder physikalische Einflüsse). Unter Beachtung von Stagnationszeiten darf sich kaltes Trinkwasser nicht auf eine Temperatur über 25 °C erwärmen, dabei müssen Wärmequellen und Raumtemperaturen in Technikzentralen berücksichtigt werden.

Für den Aufstellungsraum muss ein ausreichend bemessener Entwässerungsanschluss vorgesehen werden. Dieser Entwässerungsanschluss muss in der Lage sein, die maximal mögliche Wassermenge rückstausicher nach DIN 1986-100 und Normenreihe DIN EN 12056 abzuführen. Bei der Ermittlung der maximal möglichen Wassermenge müssen u. a. eingangsseitiger Volumenstrom bei Rohrleitungsbruch und Volumen des Vorratsbehälters der Druckerhöhungsanlagen berücksichtigt werden.

Die Druckerhöhungsanlage muss für Revision, Wartung und Reparatur frei zugänglich sein.

Es muss ein Aufstellort gewählt werden, der nicht in unmittelbarer Nähe von Schlaf- und Wohnräumen liegt. Anderenfalls müssen technische Maßnahmen ergriffen werden, so dass keine Geräuschbelästigungen auftreten können.

Grundsätzliches

Rotierende Maschinen (z. B. Pumpen) erzeugen Schwingungen, die auf die Rohrleitungen und den Baukörper übertragen werden können. Daher ist eine mechanische Entkopplung von Druckerhöhungsanlagen und Rohrleitungen erforderlich.

Die Druckerhöhungsanlage und die dazugehörigen Bauteile sind in einem frostfreien, gut belüfteten und abschließbaren Raum unterzubringen. Dieser Raum ist gegen unbefugten Zutritt zu sichern. In keinster Weise dürfen negative Einflüsse auf das Trinkwasser wirken, dazu gehören neben Wärmelasten auch sonstige chemische oder physikalische Einflüsse (z. B. durch Lagern von Chemikalien für Wasseraufbereitung im gleichen Raum).

Aufstellräume sollten nicht als Lagerräume für Stoffe missbraucht werden, die die Installation als auch die Anlage in ihrer Funktion und Standsicherheit beeinflussen können (z. B.: Korrosion, Diffusion, Schimmelbildung, ...).

Raumtemperatur

Es ist unbedingt darauf zu achten, dass das Trinkwasser nicht unzulässig von der Umgebungstemperatur erwärmt wird.

Die Umgebungstemperatur von Druckerhöhungsanlagen ist zum einen in Bezug auf die Erwärmung des Trinkwassers zu berücksichtigen, zum anderen ist diese auch für die nötige Motorkühlung der Pumpenmotoren relevant.

In der Regel sind die Motoren mit Eigenlüftern an der Motorwelle ausgestattet. Damit ist die Lüfterleistung abhängig von der Motordrehzahl. Insbesondere bei Betriebspunkten mit niedrigen Drehzahlen kann bei höheren Umgebungstemperaturen die erforderlichen Motorkühlung nicht mehr gewährleistet werden.

Bei der Ermittlung der zu erwartenden Lufttemperatur im Aufstellungsraum sind alle Wärmequellen zu berücksichtigen. Die Wärmeabgabe der Druckerhöhungsanlage darf dabei nicht vernachlässigt werden.

In Abhängigkeit der Wirkungsgrade der elektrischen Leistungskomponenten (z. B.: Motor, Frequenzumformer) sollten im ungünstigsten Fall bis zu 20 % der elektrischen Nennleistung als Wärmeenergie auf die Wärmelast des Aufstellraumes angerechnet werden. Diese Abwärmemenge ist ggf. für die Kühllastberechnung zu berücksichtigen.

Eine Aufstellung der Druckerhöhungsanlage und Verlegung der zugehörigen Leitungen in einem Aufstellungsraum mit Temperaturen > 25 °C ist zu vermeiden.

Bild 56 bzw. Bild 57 zeigt beispielhaft, nach welcher Zeit sich in frei verlegten gedämmten Rohrleitungen trinkwasserhygienisch problematische Temperaturen (> 25 °C) einstellen.

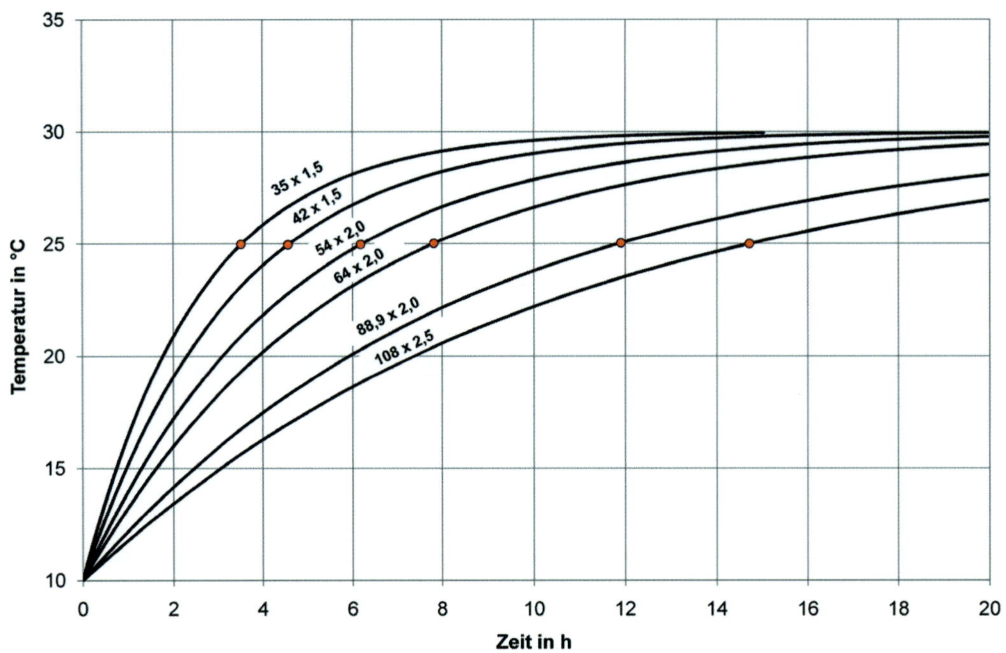

Bild 56: Verlauf der Temperaturerhöhung in Kaltwasserleitungen bei Stagnation in einer Technikzentrale, gedämmt in Anlehnung an EnEV (50 %) Kaltwasser-Anfangstemperatur 10 °C / Umgebungstemperatur 30 °C

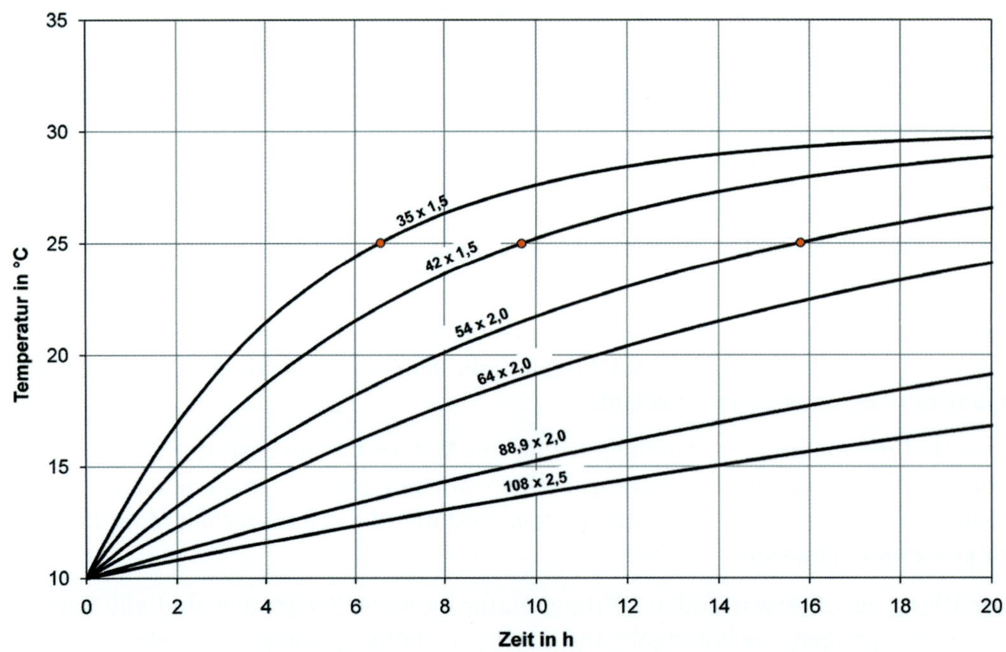

Bild 57: Verlauf der Temperaturerhöhung in Kaltwasserleitungen bei Stagnation in einer Technikzentrale, gedämmt in Anlehnung an EnEV (100 %) Kaltwasser-Anfangstemperatur 10 °C / Umgebungstemperatur 30 °C

Entwässerung des Aufstellungsraumes

Das Entwässerungssystem muss in der Lage sein, die maximal mögliche Wassermenge abzuführen.

Für die Berechnung der maximal möglichen Wassermenge ist die verbaute Leitungsdimension und der Maximalfließdruck, der durch den Versorger angegeben wird, zugrunde zu legen (der Maximalvolumenstrom wird durch Fließversuche oder Berechnung nach Bernoulli an der Stelle des Austritts durchgeführt). Ggf. sind die Ergebnisse von bereits durchgeführten Fließversuchen des Wasserversorgers erhältlich.

Folgende Schutzanforderungen sind zu erfüllen:

- Personenschutz vor elektrischem Schlag
- Ungehindertes Verlassen des Gefahrenbereiches

Insbesondere ist hierfür darauf zu achten, dass ein steigender Wasserspiegel nicht zu einem elektrischen Schlag führen kann.

Weiterhin ist darauf zu achten, dass ein steigender Wasserspiegel nicht dazu führen kann, dass eine Person am Verlassen des Gefahrenbereiches gehindert wird.

Die Entwässerungsanlage und Sicherungsrichtungen müssen sinnvoll zwischen Planer und Bauherr aufeinander abgestimmt werden.

Eine elektronische Absicherung über Feuchtefühler/Schwimmer, die auf ein Absperrventil einwirken, ist zu bevorzugen.

Platzbedarf

Die baulichen Anforderungen, insbesondere ein ausreichend bemessener Platz für die Trinkwasserzentrale, sind frühzeitig festzulegen.

In der Praxis ist es wiederholt vorgekommen, dass erst nach Fertigstellung eines Gebäudes festgestellt wurde, dass der nachträgliche Einbau einer Druckerhöhungsanlage notwendig ist, aber kein Raum dafür vorgesehen war.

Die Anforderungen an eine zweckentsprechende Unterbringung einer Druckerhöhungsanlage können nur erfüllt werden, wenn bereits bei der Planung des Gebäudes eine eigene, ausreichend große Aufstellfläche in einem dafür geeigneten Raum vorgesehen wird.

Zu allen Apparaten und Anlagenteilen muss ein freier Zugang vorhanden sein, damit jede Art von erforderlicher Instandhaltungsmaßnahme nach DIN 31051 jederzeit ungehindert möglich ist.

Wird der freie Zugang, z. B. durch Platzmangel, verhindert, können durch den erhöhten Zeitaufwand bei Wartung und Reparatur erhebliche Mehrkosten entstehen.

Schallschutz

Pumpen mit niedriger Drehzahl sind im Allgemeinen leiser als Pumpen mit höheren Drehzahlen. U. a. aufgrund der Anforderungen zur Energieeinsparung kommen elektronisch gesteuerte Pumpen zum Einsatz. Durch die individuelle Anpassung der Pumpendrehzahl auf den erforderlichen Fließdruck der Trinkwasser-Installation laufen diese Pumpen in der Regel mit geringeren Drehzahlen, das heißt in einem schalltechnisch günstigen, weil leiseren Betriebszustand.

Generell gilt, dass der Lage der Schallquelle im Gebäude in Bezug auf die schutzwürdigen Räume große Bedeutung für den Schallschutz zukommt. Für die Unterbringung der Druckerhöhungsanlagen ist deshalb ein Aufstellungsraum zu wählen, der nicht in unmittelbarer Nähe von schutzbedürftigen Räumen wie z. B.: Schlaf- und Wohnräumen liegt.

An den Pumpen der Druckerhöhungsanlage müssen saug- und druckseitig akustisch wirksame elastische Rohrelemente eingebaut werden, um Körperschallübertragungen zu vermeiden (siehe Kapitel 4.10.8). Die elastischen Rohrelemente müssen leicht austauschbar sein.

Der von der Pumpe direkt abgestrahlte und im Aufstellungsraum wahrnehmbare (primäre) Luftschall entstammt hauptsächlich den Motoren und Frequenzumformern. Im Massivbau besitzen die Wände und Decken aufgrund ihres hohen Flächengewichts eine ausreichende Luftschalldämmung, sodass mit zunehmender Entfernung vom Aufstellraum die akustischen Belastungen an Bedeutung verlieren.

Ganz andere Verhältnisse können durch die Übertragung von Wasser- und Körperschall entstehen, der an einer beliebigen Stelle als (sekundärer) Luftschall abgestrahlt werden kann. Falls sich Pumpengeräusche außerhalb des Aufstellungsraumes bemerkbar machen, so ist das mit großer Wahrscheinlichkeit auf die Übertragung von Wasser- und/oder Körperschall entlang der Rohrleitung oder über den Baukörper zurückzuführen.

Durch Schwingungen und Strömungen hervorgerufener Körperschall kann auch bei sachgerechter Installation auf den Baukörper übertragen werden.

Steht die Pumpe mit dem Baukörper unmittelbar in Verbindung, so wird dieser zu Schwingungen angeregt. Aber auch über Rohrhalterungen werden Schwingungen in Wände und Decken eingeleitet. Sie können sich ggf. bis in weit entfernte Bereiche des Gebäudes ausbreiten.

Die Maßnahmen zur Vermeidung der Entwicklung und Übertragung von Geräuschen aus Druckerhöhungsanlagen sind im Wesentlichen ausgerichtet auf:

- die richtige Bestimmung der Pumpengröße,
- die Vermeidung von Strömungsgeräuschen,
- die Vermeidung von Wasser- und Körperschallausbreitung über Rohrleitungen,
- die Vermeidung von Körperschallübertragung auf den Baukörper.

Am wirkungsvollsten sind Maßnahmen des Herstellers im Bereich der Druckerhöhungsanlagen (primäre Maßnahmen), da sie die Schallerzeugung an der Quelle reduzieren.

Bei Aufstellung der Pumpen auf dem Fußboden ist zur Vermeidung von Körperschallübertragung die Lagerung mittels elastischer Elemente zwischen Grundplatte und Fußboden erforderlich. Dadurch wird die Übertragung von Schwingungen auf den Baukörper verhindert.

Durch geeignete Maßnahmen ist die Übertragung von Körperschall zu minimieren.

Folgende Maßnahmen können zur Reduktion von Körperschallübertragung eingesetzt werden:

- Kompensatoren/Metallschläuche
- Rohrschellen mit Schallschutzeinlagen
- schalldämpfende Dübel/Lastaufnahmen
- schwingungsdämpfende Aufstellfüße
- schwingungsdämpfende Matten
- entkoppelte Podeste

Die Hersteller von Druckerhöhungsanlagen haben die erforderlichen Angaben zu den Emissionsdaten (z. B. Schalldruckpegel) zu machen.

Für die Ausführung der Rohrleitungsbefestigungen sind die Hinweise der DIN 4109 zu beachten.

5 Errichtung und Inbetriebnahme

Die Aufstellung der Druckerhöhungsanlage sollte zeitnah mit der Inbetriebnahme stattfinden.

5.1 Allgemeines

Für die Errichtung und Inbetriebnahme der Trinkwasser-Installation gilt DIN EN 806-4.

Zusätzlich zur DIN EN 806-4 sind die Herstellerangaben zu beachten.

Bei Lieferung und Montage ist die DEA und ihre Verpackung auf Unversehrtheit zu prüfen. Der Eintrag von Fremdstoffen ist auszuschließen. Es wird empfohlen, vor dem Anschluss der Druckerhöhungsanlage eine schrittweise Beprobung (Hausanschluss, Anschlussleitung, DEA) vorzunehmen.

Mit der Inbetriebnahme muss der bestimmungsgemäße Betrieb starten. Dies kann auch über geeignete Maßnahmen (z. B. Spülen nach Spülplan) erreicht werden, falls eine bestimmungsgemäße Nutzung noch nicht realisiert werden kann.

5.2 Betriebsbereitschaft

Bevor die Betriebsbereitschaft gegeben ist, müssen die Anforderungen für Transport, Lagerung, Montage und Inbetriebnahme sichergestellt werden. Insbesondere sind hiermit die Maßnahmen zur Einhaltung einer trinkwasserhygienisch einwandfreien Situation der Druckerhöhungsanlagen gemeint.

Die Betriebsbereitschaft der Druckerhöhungsanlage muss vom Bauherrn oder seinem Beauftragten den zuständigen Stellen (z. B. Wasserversorgungsunternehmen) angezeigt werden.

Vor Inbetriebnahme muss der Ersteller im Rahmen einer Dokumentation nachweisen, dass die genehmigten Anschlussbedingungen und die Anforderungen der Trinkwasserverordnung erfüllt sind.

Auszug aus AVBWasserV:

§ 13 (2) „Inbetriebnahme der Kundenanlage“: „Jede Inbetriebsetzung der Anlage ist beim Wasserversorgungsunternehmen über das Installationsunternehmen zu beantragen.“

Dabei muss das ausführende Installationsunternehmen nachweisen, dass die Anschlussbedingungen des Wasserversorgungsunternehmens mit Inbetriebnahme der DEA eingehalten werden. Die Inbetriebnahme der Druckerhöhungsanlage kann durch den Anlagenersteller (Installateur) selbst oder bei größeren Pumpenanlagen in Zusammenarbeit mit Dritten (beispielsweise dem Hersteller) erfolgen.

Die zuständige Elektrofirma muss die Stromzuführung freigeben. Danach ist ein Probelauf mit Trinkwasser durchzuführen, bei dem die planerisch vorgesehene Funktion der DEA zu überprüfen ist.

Im Rahmen der Inbetriebnahme der nachgeschalteten Druckzone müssen alle Sanitärarmaturen angeschlossen sein und die Rohrleitungen müssen gemäß DIN EN 806-4 mit Trinkwasser gefüllt und gespült werden. Der bestimmungsgemäße Betrieb ist danach sicherzustellen.

Genauso ist bei einem vorzeitigen provisorischen Betrieb der Druckerhöhungsanlage zu verfahren. Diese Provisorien sind entsprechend VOB DIN 18381 nach Art, Umfang, Zeitdauer,

Anschlusspunkten und Gewährleistungsbeginn separat mit eigenen Leistungspositionen auszuschreiben. Sofern die Pumpenanlage, die im Bauwerk als Anlagenteil verbleibt, als Betriebsprovisorium vor der Abnahme verwendet wird, müssen die Vergütung für eine regelmäßige Kontrolle während der Nutzungszeit und eine notwendige Überprüfung und Reinigung vor der Abnahme mit dem Auftraggeber vereinbart werden. Gleichzeitig sind für die vorzeitige Inbetriebnahme eine Teilabnahme und ein Gewährleistungsbeginn festzulegen. Entsprechend VOB DIN 18381 fallen solche Provisorien unter „besondere Leistungen".

> **Auszug aus ATV DIN 18381:**
>
> „**4.2.19** Leistungen für provisorische Maßnahmen zum Betreiben der Anlage oder von Anlagenteilen vor der Abnahme auf Anordnung des Auftraggebers, z. B. Teilinbetriebnahme von Abwasserhebeanlagen"

Dies trifft insbesondere auch auf die provisorische Inbetriebnahme von Druckerhöhungsanlagen während der Bauphase zu.

Der Betrieb von Anlagen oder Anlagenteilen vor der eigentlichen Abnahme sollte nur dann erfolgen, wenn durch diese keine Beschädigungen oder Verunreinigungen der Installation hervorgerufen werden können. Meist empfiehlt es sich, vor einer solchen Inbetriebnahme den Zustand der Anlage gemeinsam mit dem Auftraggeber zu begutachten und das Ergebnis zu dokumentieren. Sollte während des Probebetriebes eine Verschmutzung oder Beschädigung der Anlage auftreten, so kann dies nachgewiesen werden.

Falls eine Unterbrechung des Anlagenbetriebes zwischen dem vorzeitigen Betrieb und dem bestimmungsgemäßen Betrieb nach der Abnahme möglich ist, sind geeignete Maßnahmen zum Schutz der Anlage vor mikrobiologischer Kontamination, Frost oder Ähnlichem zu treffen. Diese Maßnahmen müssen als besondere Leistungen beschrieben sein.

Ebenso sind alle Leistungen für das Vorhalten und Beseitigen von Provisorien und deren Befestigungen als gesonderte Leistung zu beschreiben.

Zwischen Auftraggeber und Auftragnehmer ist eine rechtswirksame Vereinbarung über den Umfang der Anlage, die vorzeitig in Betrieb genommen wird, die Kosten für den Betrieb und deren Beaufsichtigung, die Kosten für das erhöhte Haftungsrisiko für den vorzeitigen Betrieb und etwaige sonstige Bedingungen zu treffen.

Die Einregulierung und Justierung der Druckerhöhungsanlagen gehören zum Leistungsumfang einer ordnungsgemäßen Inbetriebnahme, wie z. B. des Motorschutzschalters und der Schaltpunkte der Pumpen, und sind deshalb Nebenleistungen.

Einstellen und Justieren der Anlage:

Mit einer Funktionsprüfung der Druckerhöhungsanlage schließt die Leistungserfüllung ab und dies ist gleichzeitig die Voraussetzung für eine mängelfreie Abnahme der Anlage.

Bei der Abnahme und Übergabe hat der Anlagenersteller – Installateur – nach VOB DIN 18381, 3.5, dem Grundeigentümer bzw. Betreiber eine Betriebs-, Wartungs- und Bedienungsanleitung zu übergeben und den Betreiber in die Bedienung der Anlage einzuweisen, mit der Betriebsweise vertraut zu machen und auf Sicherheitsvorschriften und Sicherungsgeräte hinzuweisen. Nach dem Werkvertragsrecht ist die Einweisung einmalig als Nebenleistung durchzuführen. Mehrfache Einweisungen, die der Auftragnehmer nicht zu vertreten hat, sind nach der VOB „Besondere Leistungen".

Auszug aus ATV DIN 18381:

„**4.2.16** Prüfen der elektrischen Verkabelung der Mess-, Steuer- und Regelanlage sowie Abstellen einer Fachkraft bei der Inbetriebnahme der Mess-, Steuer- und Regelanlage, wenn die Leistungen nicht vom Auftragnehmer ausgeführt wurden.“

Liegt die Verkabelung und das Justieren der Anlage nicht beim Auftragnehmer, so ist diese Leistung für die Erstellung eines Provisoriums als besondere Leistung zu vereinbaren und gesondert zu vergüten.

Auszug aus ATV DIN 18381:

„**3.5.2** Das Bedienungs- und Wartungspersonal für die Anlage ist durch den Auftragnehmer einmal einzuweisen.

Besondere Leistungen

Auszug aus ATV DIN 18381: „4.2.30 Wiederholtes Einweisen des Bedienungs- und Wartungspersonals (siehe Abschnitt 3.5.2).“

Die einmalige Einweisung des Auftraggebers bzw. der von ihm zu benennenden Personen ist für einen sicheren und wirtschaftlichen Betrieb von Anlagen zwingend erforderlich. Daher ist die Leistung nach Abschnitt 3.5.2 als Nebenleistung definiert.

Für den Fall, dass zwischen dem Zeitpunkt der Einweisung und dem tatsächlichen Betriebsbeginn das Personal wechselt oder der Auftraggeber ein mehrmaliges oder zusätzliches Einweisen von Personen in die Bedienung der Anlage wünscht, ist dieses als besondere Leistung auszuschreiben.

Die Einweisung ist aus haftungsrechtlichen Gründen zu protokollieren.

Spätestens bei der Abnahme sind dem Auftraggeber alle für einen sicheren und wirtschaftlichen Betrieb erforderlichen Unterlagen entsprechend der VOB DIN 18381 zu übergeben.

Auszug aus ATV DIN 18381: „3.7 Mitzuliefernde Unterlagen“

Der Auftragnehmer hat folgende Unterlagen aufzustellen und dem Auftraggeber spätestens bei der Abnahme nach folgender Sortierung zu übergeben:

- elektrische Übersichtsschaltpläne und Anschlusspläne nach DIN EN 61082-1 (VDE 0040-1) „Dokumente der Elektrotechnik – Teil 1: Regeln“,
- Zusammenstellung der wichtigsten technischen Daten,
- Kopien der vorgeschriebenen Prüf- und Herstellerbescheinigungen, Verwendbarkeitsnachweise, Fachunternehmererklärungen,
- alle für einen sicheren und wirtschaftlichen Betrieb erforderlichen Bedienungs- und Wartungsanleitungen,
- Protokolle über die Druck- und Dichtigkeitsprüfung von Trinkwasser- und Gasleitungen,
- Protokoll über die Einweisung des Wartungs- und Bedienpersonals,
- Protokoll über die Abgasmessung.

Die Unterlagen sind dem Auftraggeber in Papierform, 3-fach, in deutscher Sprache, auszuhändigen. Begriffe, Abkürzungen, Kurzzeichen, usw. dürfen entsprechend den normativen Regelwerken verwendet werden.

Für die Druckerhöhungsanlagen sind dies insbesondere folgende Dokumente:

- Anlagenschemata,
- elektrische Übersichtsschaltpläne und Anschlusspläne nach DIN EN 61082-1 „Dokumente der Elektrotechnik – Teil 1: Regeln",
- Zusammenstellung der wichtigsten technischen Daten,
- vorgeschriebene Prüf- und Herstellerbescheinigungen,
- alle für einen sicheren und wirtschaftlichen Betrieb erforderlichen Bedienungs- und Wartungsanleitungen,
- Protokolle über die Dichtheitsprüfung,
- Protokolle aller durchgeführten Spülungen der Anlage,
- Protokolle der mikrobiologischen Untersuchungen in Verbindung mit der Inbetriebnahme der DEA,
- Protokoll über die Einweisung des Wartungs- und Bedienungspersonals.

Die Erstellung der Unterlagen und die Übergabe an den Betreiber sind gemäß DIN 18381 eine Nebenleistung und erfolgen ohne separate Vergütung. Die Übergabe ist zu protokollieren. Darüber hinaus verlangte Unterlagen, wie z. B. Detail-, Bestands- oder Revisionszeichnungen, Stromlaufpläne, Ersatzteillisten u. a., sind nur dann zu erstellen, wenn sie in der Leistungsbeschreibung ausdrücklich als besondere, zu vergütende Leistungen aufgeführt sind.

Auszug aus ATV DIN 18381:

„**4.2.34** Erstellen von Bestandsplänen, Funktions- und Strangschemata.

Bestandspläne im Sinne des Abschnittes 4.2.34 werden auf Grundlage der Ausführungspläne, die auf den „Stand der Ausschreibungsergebnisse" fortgeschrieben sind, erstellt und entsprechen den tatsächlich ausgeführten Leistungen. Die in Abschnitt 0.2.24 aufgelisteten zu erstellenden Unterlagen können nicht umfänglich als Nebenleistung erbracht werden. Vielmehr sind die hier genannten Pläne und Schemata als besondere Leistung nach Art und Inhalt im Leistungsverzeichnis zu beschreiben.

Für eine fachgerechte Inbetriebnahme sind die Herstellerangaben der Druckerhöhungsanlage zu beachten.

6 Inspektion und Wartung

Druckerhöhungsanlagen unterliegen der Inspektions- und Wartungspflicht nach DIN EN 806-5 sowie den Wartungsanweisungen der Hersteller. Insbesondere müssen die Maßnahmen nach Tabelle 2 ausgeführt werden.

Tabelle 2 – Inspektion und Wartung

Maßnahme	Durchzuführende Aufgaben	Zeitspanne
Inspektion	– Visuelle Kontrolle auf Zustand, Dichtheit und Stand der Druckmessgeräte – Zustand der flexiblen Rohranschlüsse, z. B. Kompensatoren – Kontrolle der Steuer- und Regelgüte der Pumpen und der Laufruhe – Kontrolle der Wassertemperatur vor und hinter der Druckerhöhungsanlage – Kontrolle des Zustandes des Aufstellraumes	6 Monate
Wartung	– Prüfen der Funktion der Druckwächter, -regler, Wassermangelsicherung und der elektrischen Schalteinrichtungen – Kontrolle des Motorschutzschalters und des thermischen Motorschutzes – Prüfen und Reinigung der Vorbehälter von innen – Funktionsprüfung bei Teil- und Spitzenentnahmen – Prüfen des Vordruckes des Druckbehälters – Funktionsprüfung der Absperreinrichtungen und Rückflussverhinderer	1 Jahr

Der Hersteller von Druckerhöhungsanlagen ist verpflichtet, eine Bedienungs- und Wartungsanleitung mitzuliefern, die die grund**Legende**n Hinweise enthält, die bei Aufstellung, Betrieb und Wartung zu beachten sind.

Diese Verpflichtung leitet sich auch aus der EG-Maschinenrichtlinie ab, die u. a. grundsätzliche Sicherheitsanforderungen an Pumpen und Pumpenaggregate stellt.

Ein weiterer Anlass für die Hersteller, Betriebsanleitungen zu erstellen, wobei die Sicherheitsaspekte zu berücksichtigen sind, ist die Umsetzung der EG-Richtlinie Produkthaftung in deutsches Recht.

In der Betriebs- und Wartungsanleitung sollen die notwendigen Kenntnisse für den sachgerechten, ökonomischen und sicheren Gebrauch vermittelt werden.

Betriebsanleitungen sind nach DIN EN ISO 20607 „Sicherheit von Maschinen – Betriebsanleitungen" zu erstellen.

Außerdem müssen Druckerhöhungsanlagen den VDE-Vorschriften entsprechen.

Erstellt der Installateur die Anlage selbst aus Einzelelementen, so gelten diese Anforderungen für die erstellte Anlage sinngemäß.

Der Betreiber hat die Informationen aus der Bedienungs- und Wartungsanleitung, die er bei der Übergabe erhält, zu beachten.

Ihre Beachtung sowie die Forderung nach einem bestimmungsgemäßen Betrieb ermöglichen dem Betreiber die Erfüllung der gesetzlichen Verpflichtungen nach der Trinkwasserverordnung sowie den allgemein anerkannten Regeln der Technik und den allgemeinen Verkehrssicherungspflichten nach BGB § 536, wonach z. B. der Vermieter die Mietsache (Wohnung) in einem verkehrssicheren Zustand halten muss; hierzu gehört auch die Instandsetzung der Druckerhöhungsanlagen.

Grundsätzlich sollte der Betreiber darauf hingewiesen werden, dass er keine Selbsthilfearbeiten an Druckerhöhungsanlagen durchführen und sich nur auf die Inspektionsarbeiten beschränken darf, die in der Betriebs- und Wartungsanleitung aufgeführt sind.

Wesentliche Veränderungen oder Eingriffe, die die Sicherheit der Anlage oder die Gesundheit der Nutzer gefährden, sind hierbei angesprochen. Solche Arbeiten sind durch das Fachhandwerk (Installateure) oder durch die Kundendienste der Hersteller durchzuführen.

Nach DIN EN 13306 ist die Wartung ein Teilaspekt der präventiven Instandhaltung, die nach DIN 31051 „Grundlagen der Instandhaltung" die Begriffe Inspektion, Wartung, Instandsetzung und Verbesserung umfasst.

Die Maßnahmen

- der Instandhaltung von Trinkwasser-Installationen dienen der Verzögerung des Abbaus des vorhandenen Abnutzungsvorrats,
- der Inspektion und Wartung der vorgenannten Anlagen dienen der Feststellung und Beurteilung des Ist-Zustandes einer Betrachtungseinheit, einschließlich der Bestimmung der Ursachen der Abnutzung und dem Ableiten der notwendigen Konsequenzen für eine künftige Nutzung,
- der Instandsetzung als Folge der Prüfergebnisse aus Inspektion und Wartung dienen der Rückführung einer Betrachtungseinheit in den funktionsfähigen Zustand, mit Ausnahme von Verbesserungen.

Die Arbeits- bzw. Prüfschritte sind entsprechend den spezifischen Merkmalen einer Betrachtungseinheit nach DIN 31051 „Grundlagen der Instandhaltung" durchzuführen.

Die Maßnahmen zur „Verbesserung" von Trinkwasser-Installationen gehen über die Anforderungen für Inspektions- und Wartungsarbeiten der Tabelle 2 der Norm hinaus. Sie dienen in Kombination mit allen technischen und administrativen Maßnahmen sowie Maßnahmen des Managements der Steigerung der Funktionssicherheit einer Betrachtungseinheit, ohne die von ihr geforderte Funktion zu ändern.

Inspektion

Der Betreiber ist entsprechend seiner Verkehrssicherungspflicht nach BGB § 536 dazu aufgefordert, sich regelmäßig um seine technischen Anlagen selbst zu kümmern oder ein Fachunternehmen mit diesen Inspektionsarbeiten zu beauftragen.

Deshalb sollte eine Inspektions- und Wartungsleistung so aufgebaut sein, dass der Betreiber in den Betreuungsprozess miteinbezogen wird, sodass eine Sensibilisierung bezüglich des richtigen Umgangs mit der Technik im Haus und somit auch Einsicht und Verständnis zur Durchführung von Wartungsarbeiten durch Fachfirmen oder Hersteller von Druckerhöhungsanlagen entsteht.

Das Einbeziehen des Betreibers kann durch Inspektionsarbeiten, wie z. B. optische Kontrollen, erfolgen, die mit den „wachen fünf Sinnen" des Menschen ohne spezielle Kenntnisse der Anlagentechnik durchführbar sind.

Wartung

Wartungsarbeiten, die die Sicherheit der Anlage oder des Personals tangieren, müssen durch einschlägige Fachunternehmen oder den Werkskundendienst des Herstellers erfolgen. Wenn Mängel bei Inspektions- oder Wartungsarbeiten festgestellt werden, sind diese zu beheben. Bei einem voraussichtlich größeren Kostenaufwand zur Behebung des Mangels ist zuvor die Zustimmung des Auftraggebers einzuholen (möglichst schriftlich).

Verzichtet der Auftraggeber auf eine Behebung des Mangels, besteht für das Fachunternehmen die Verpflichtung, auf den entdeckten Mangel schriftlich hinzuweisen.

Wartungsvertrag

Es wird dringend empfohlen, mit einem Fachbetrieb oder dem Wartungsdienst des Herstellers einen Wartungsvertrag abzuschließen. Damit wird nicht nur die ordnungsgemäße Wartung garantiert, sondern auch sichergestellt, dass im Störungsfall umgehend Fachpersonal mit den entsprechenden Gerätschaften in kürzester Zeit zur Verfügung steht.

Die Sicherheit eines ganzjährig zur Verfügung stehenden Wartungsdienstes weiß jeder Betreiber zu schätzen, wenn z. B. an Feiertagen Betriebsstörungen eintreten.

Der Wartungsvertrag sollte immer abgeschlossen werden, wenn der Betrieb bei Pumpenanlagen keine längere, unplanmäßige Unterbrechung gestattet, wie z. B. Druckerhöhungsanlagen in Mehrfamilienhäusern. Für die Behebung von Störungen sollte eine Liste mit Anschriften und Telefonnummern des Wartungsdienstes und für eventuelle Nachfragen die des Installateurs oder Pumpenherstellers, die auf dem aktuellen Stand gehalten wird, in den Bedienungsanleitungen hinterlegt oder besser auf einem Hinweisschild in der Nähe der Druckerhöhungsanlage angebracht sein.

Literaturhinweise

DIN EN 806-1, *Technische Regel für Trinkwasser-Installationen — Teil 1: Allgemeines*

DIN 14462, *Löschwassereinrichtungen — Planung, Einbau, Betrieb und Instandhaltung von Wandhydrantenanlagen sowie Anlagen mit Über- und Unterflurhydranten*

DIN EN 16421, *Einfluss von Materialien auf Wasser für den menschlichen Gebrauch — Vermehrung von Mikroorganismen*

DVGW W270, *Vermehrung von Mikroorganismen auf Werkstoffen für den Trinkwasserbereich — Prüfung und Bewertung*

Empfehlung des Umweltbundesamtes zur vorläufigen hygienischen Beurteilung von Produkten aus Thermoplastischen Elastomeren im Kontakt mit Trinkwasser (TPE-Übergangsempfehlung)

Leitlinie zur hygienischen Beurteilung von Elastomeren im Kontakt mit Trinkwasser (Elastomerleitlinie), Empfehlung des Umweltbundesamtes

DIN 1988-100 *Technische Regeln für Trinkwasser-Installationen – Teil 100: Schutz des Trinkwassers, Erhaltung der Trinkwassergüte*

DIN 1988-200 *Technische Regeln für Trinkwasser-Installationen – Teil 200: Installation Typ A (geschlossenes System) – Planung, Bauteile, Apparate, Werkstoffe*

DIN 1988-300 *Technische Regeln für Trinkwasser-Installationen – Teil 300: Ermittlung der Rohrdurchmesser*

DIN 1988-500 *Technische Regeln für Trinkwasser-Installationen – Teil 500: Druckerhöhungsanlagen mit drehzahlgesteuerten Pumpen*

DIN 1988-600 *Technische Regeln für Trinkwasser-Installationen – Teil 600: Trinkwasser-Installationen in Verbindung mit Feuerlösch- und Brandschutzanlagen*

DIN EN 1717 *Schutz des Trinkwassers vor Verunreinigungen in Trinkwasser-Installationen und allgemeine Anforderungen an Sicherungseinrichtungen zur Verhütung von Trinkwasserverunreinigungen durch Rückfließen*

DIN EN 806-1 *Technische Regeln für Trinkwasser-Installationen – Teil 1: Allgemeines*

DIN EN 806-2 *Technische Regeln für Trinkwasser-Installationen – Teil 2: Planung*

DIN EN 806-3 *Technische Regeln für Trinkwasser-Installationen – Teil 3: Berechnung der Rohrinnendurchmesser – Vereinfachtes Verfahren*

DIN EN 806-4 *Technische Regeln für Trinkwasser-Installationen – Teil 4: Installation*

DIN EN 806-5 *Technische Regeln für Trinkwasser-Installationen – Teil 5: Betrieb und Wartung*